TURING 图灵交互设计丛书

U0332616

用户体验与
可用性测试

[日] 樽本徹也 著　陈啸 译

人民邮电出版社

北　京

图书在版编目（CIP）数据

用户体验与可用性测试 /（日）樽本徹也著；陈啸
译. --北京：人民邮电出版社，2015.4（2023.3 重印）
（图灵交互设计丛书）
ISBN 978-7-115-38512-3

Ⅰ．①用… Ⅱ．①樽… ②陈… Ⅲ．①软件—测试
Ⅳ．①TP311.5

中国版本图书馆CIP数据核字（2015）第025389号

内 容 提 要

　　本书是用户体验与可用性测试的入门级读物。作者基于多年的经验，围绕用户调查、原型制作、产品可用性评价、用户测试，结合具体案例，提供了极其实用的方法和实践技巧，同时也介绍了敏捷用户体验开发的相关内容。

　　本书语言轻松幽默，讲解通俗易懂，适合开发人员和新晋产品经理阅读。

◆ 著　　　　[日] 樽本徹也
　　译　　　　陈 啸
　　责任编辑　徐 骞
　　执行编辑　高宇涵
　　责任印制　杨林杰

◆ 人民邮电出版社出版发行　　北京市丰台区成寿寺路11号
　　邮编　100164　　电子邮件　315@ptpress.com.cn
　　网址　https://www.ptpress.com.cn
　　固安县铭成印刷有限公司印刷

◆ 开本：880×1230　1/32
　　印张：7.875　　　　　　　2015 年 4 月第 1 版
　　字数：233 千字　　　　　2023 年 3 月河北第 21 次印刷
　　著作权合同登记号　图字：01-2012-5559号

定价：42.00元
读者服务热线：(010)84084456-6009　印装质量热线：(010)81055316
反盗版热线：(010)81055315
广告经营许可证：京东市监广登字 20170147 号

版 权 声 明

前言

产品可用性工程师这个职业在日本可能没多少人听说过，但在欧美国家已经有了专门的职位。微软、IBM、SAP 等大公司自不待言，大量软件公司和互联网企业也已设立了相关部门，同时也成立了不少相关咨询公司。在网站可用性领域享有盛名的杰柯柏·尼尔森博士，也曾作为 Sun 公司的产品可用性工程师（他被称为"特别工程师"）活跃在业界中。

最近几年，产品可用性这个词越来越为大众所知，作为产品可用性工程师的我，自然也接到了很多业务委托。

举一个例子，下面是来自某服装公司网站负责人 A 先生的委托。

"最近，我们公司正着手进行网站升级。此次升级的目的之一就是让网站变得更加好用，因此我们专门聘请了设计人员和了解产品可用性的业界人士。现在网站的设计已经基本完成，预计下个月就可以开放使用了。在网站开放之前，我们想请产品可用性工程师用他们的专业知识评测一下我们的网站，进而提供一些能使网站使用起来更加方便的宝贵意见。此外，我们也听说有一种叫作产品可用性测试的调查方法，麻烦您给我们的网站做一下这个测试，我们想收集来自用户的第一手资料，反馈到这次的网站升级里。麻烦您了。"

当然，有业务找上门来我肯定是十分欢迎的。但老实讲，对于这种情况，我能做的实在有限。很抱歉地说，这个项目现在才来咨询恐怕为时已晚。其实不止开发网站，在计算机软件、手机、数字家电等项目中，类似 A 先生这样的委托也经常发生。

无法解决问题难道是因为我们产品可用性工程师无能吗？我不敢苟同。事实上，解决此类问题我是胸有成竹的，这个方法就是——早点来咨询我们。那样，我们也一定可以用产品可用性工程学的专业知识提供更有效的解决方法。

然而，在日本，产品可用性工程师实在是太少了，一般的设计团队几

乎没有机会接触这方面的技术，因此经常会出现这样的问题，即难得项目
负责人关心起了产品可用性问题，却因为不知道操作方法而导致资源浪费。

本书主要介绍利用产品可用性工程学进行的设计流程及相关方法。如果
你是产品经理，通过阅读本书就能了解，在项目的哪个阶段分配什么样的任
务给产品可用性工程师，才会带来最好的效果。如果你是设计人员或程序员，
学会了产品可用性的技术，（与把工作托付给那些数量少得可怜的产品可用
性工程师相比）就能以"更高的效率、更小的代价"来提高工作质量。

如果刚才提到的那位网站负责人在网站升级开始之前就读到这本书，
也许结果就大为不同了吧。因此大家一定要在着手进行下一个项目之前读
一下本书，那么我相信，下一个项目一定会带给你截然不同的体验。

2005 年 9 月 作者记

目录

▶ 第 **1** 章

以用户为中心的
设计概论

1.1 UX 和 UCD

1.1.1 体验的价值

柯达相机、TiVo[①] 和 iPod，这些都是创新性很高的产品，但是它们在技术上未必卓越。事实上，最早的 iPod 只具有很简单的几项必备功能。

它们所具备的创新性并非针对单个产品而言，设计这些产品的初衷，就是要把它们作为"整个平台的一个环节"。柯达提供从卖胶卷到洗印照片的整套服务，TiVo 向用户展示它特有的节目单，而苹果则建立了在线的 iTunes Store。

我们无法预知科技会进步到什么程度，但是如果只追求表面上的多功能和高性能，恐怕无法获得可持续竞争力。因为用户真正所求的并不是这些，而是使用这个产品时的综合体验。换句话讲，柯达向用户提供的是全新的拍照体验，TiVo 向用户提供的是全新的收看电视节目的体验，而苹果提供的则是全新的享受音乐的体验。

如今，经营层面也非常重视体验。著名的营销顾问拜因（Bein）和吉尔莫（Gilmour）在他们的著作中明确指出："体验的价格远超过日用品[②] 和产品价格的数十倍甚至数百倍"。简而言之，最值钱的就是"体验"了。

1.1.2 UX 的构成

行业和立足点不同，对体验的称呼也多少会有些不一样。比如，在服务行业和经营层面上，很多人会称之为顾客体验（Customer Experience）。在软件行业，特别是软件开发行业，则称之为 UX（User eXperience，用户体验）。

---

① 一种专业数字录象设备，提供节目录制服务，在北美市场占有率很高。

② 指不会因增加附加价值而产生差异，价格是其唯一选择基准的商品。

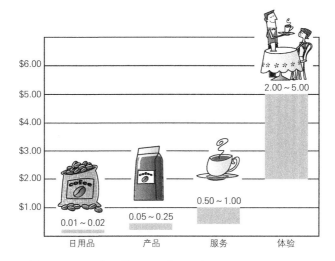

按经济价值来计算一杯咖啡的价格
和其他价值相比，体验的价格优势格外显著

出处：《体验经济（更新版）》、B·约瑟夫·派恩（B.Joseph Pine II）、詹姆斯·H·吉尔摩（James H. Gilmore）著，毕崇毅译，机械工业出版社，2012 年 3 月出版

"到底什么是 UX？"围绕这一问题，专家们争论不休。从软件产品层面来讲，UX 主要是指能够直接与用户交互的用户界面。用户界面是用户对产品的第一印象。因此，如果委托给审美较好、眼光较高的人（即设计师）来设计，若不详细列出你的要求，原意往往会被曲解，这种事情经常发生。按理说，在你列出的要求里面，应该包含了产品的所有要素（用户需求、商业目标以及技术需求等）。

有一个非常有名的模型能够解释清楚 UX 的构成。用户只能看到表现层的用户界面，而只要剥离了用户界面，就能看到下面的框架层了。支撑框架层的就是再下一层的结构层，结构层来自于范围层，而范围层的基础就是战略层——这就是加瑞特倡导的"用户体验要素"。

通过这个模型不难看出，用户界面这一表现层所能体现的内容是非常有限的。多数和 UX 相关的内容必须从框架层和结构层来了解。而且，在某些情况下，还必须返回到最根本的战略层来考虑。

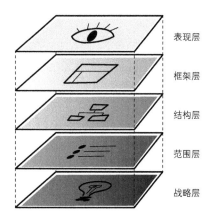

用户体验的要素
UX 由战略层、范围层、结构层、框架层和表现层这五层组成
出处:《用户体验要素:以用户为中心的产品设计(原书第 2 版)》,加瑞特
(Jesse James Garrett)著,范晓燕译,机械工业出版社,2011 年 7
月出版

UX 并不是在完成产品开发后再下工夫也能做好的。如果没有从最初的企划阶段开始一步步积累,就实现不了优秀的用户体验。

1.1.3 UX 的实现方法

如今,我们已经确立了能够设计出优秀 UX 的方法,那就是 UCD(User Centered Design,以用户为中心的设计)[①]。使用 UCD 可以避免在考虑问题、设计产品时钻牛角尖(即技术优先),进而能够从用户的角度出发开发产品。

然而,UCD 只是一种设计思想,并不代表实际的操作方法。开发流程会因开发对象的产品、开发团队以及开发环境的不同而不同。因此,有实际业务经验的工作人员和研究人员各自开动脑筋,开发出了许多 UCD 的变种。但这些变种的 UCD 都具有相同的框架层,如下所示。

---

① UCD 与 HCD(Human Centered Design,以人为中心的设计)同义。——译者注

① **调查**：把握用户的使用状况。

② **分析**：从使用状况中探寻用户需求。

③ **设计**：设计出满足用户需求的解决方案。

④ **评测**：评测解决方案。

⑤ **改进**：对评测结果做出反馈，改进解决方案。

⑥ **反复**：反复进行评测和改进。

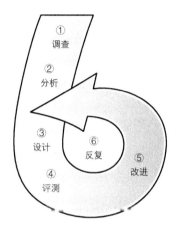

▌UCD 的流程
UCD 从把握用户需求开始，反复进行评测和改进，以达到提高 UX 品质的目的

UCD 的第一步是从用户调查开始的。UCD 的存在并不是为了应对用户提出的"我们需要这样的功能""这部分希望能改成这样"等要求和不满。首先，设计人员要通过观察用户以及进行用户访谈等手段，把握用户的实际使用情况，从而挖掘潜在的用户需求。

其次，要考虑一下实现用户需求的方法。此时需要的并不是立刻实现开发团队的创意，而是先制作一个简单的模型，然后请用户使用这个模型，评测该创意的可行性。

如果在评测时发现了未能满足用户需求的地方，就要改进模型。然后把改进后的模型交给用户，再次评测改进方案的可行性。通过这样循环往复地评测和改进，逐渐完善用户体验。

1.1.4　UCD 的要点

要想灵活运用 UCD，要点有三。

流程的质量

设计用户界面并没有什么秘笈。无论你技术多么高超，读过多少本指导用书，光靠这些都是不够的。只有遵循优秀的流程，才能做出优秀的界面。

然而，并不能简单地理解为"只要遵循了流程就完全没问题了"。进行过怎样的用户访谈，做过怎样的分析，制作了怎样的产品模型，做过怎样的测试，如何改进。这些步骤都会考验大家的真本事。

螺旋上升的设计流程

虽说 UCD 会反复进行评测和改进（反复设计），但这并不意味着返工。虽然在过去的直线型设计流程（以瀑布模型为代表）里，原则上绝不允许返回到上一个步骤，但是 UCD 从一开始就注定会是一个"螺旋上升式"的开发流程。

为了在最短的时间内，以最低开销进行反复设计，我们可以从手绘的用户界面开始，一边逐渐完善用户界面，一边反复进行评测和改进。

用户的参与

需要从用户的角度考虑问题时，不要单凭自己的想象，否则修改后的设计与之前的相比不会发生任何变化，这样就失去了修改的意义。因此，UCD 必须要有真实用户参与。

要做到这一点，开发团队不仅需要专业的技术，更需要具备与人打交道的本领。这种本领并不是所谓的心理学、人体工程学方面的专业知识，而更接近于那些需要敏锐把握用户需求的营销人员应该具备的技能。

反复并不意味着返工，而是通过反复评测和改进，达到完善产品的目的

　　专栏：UX 的国际标准

早在 1999 年，以用户为中心的设计就有了国际标准 ISO 13407。2010 年该标准被修订，改为 ISO 9241-210。于是，长期以来大家熟悉的 13407 就完成了自己的使命，由 9241-210 担起这份重责。

9241-210 包含被广泛研究实践过的以用户为中心 / 以人为中心的方法。它并没有详细地介绍每一种方法，只是定义了流程的框架层。因此，虽然有 8 章，但除去附录，只有 20 页，内容非常简洁。

虽说 10 年后的这次修订并未对内容和条目做较大修改，但增加了一些大家都十分关注的要点。

● **UX 的定义**

首次将用户体验定义为国际标准。

"用户体验是指，用户在使用或预计要使用某产品、系统及服务时产生的主观感受和反应。"

- 注释 1：用户体验包含使用前、使用时及使用后所产生的情感、信仰、喜好、认知印象、生理学和心理学上的反应、行为及后果。
- 注释 2：用户体验是指根据品牌印象、外观、功能、系统性能、交互行为和交互系统的辅助功能，以及以往经验产生的用户内心及身体状态、态度、技能、个性及使用状况的综合结果。

- 注释 3：如果从用户个人目标的角度出发，可以把随用户体验产生的认知印象和情感算在产品可用性的范畴内。因此，产品可用性的评测标准也可以用来评测用户体验的各个方面。

● 以人为中心的设计的适用依据

以人为中心的设计主要有以下七个优点。

① 可以提高用户的工作效率和组织的运作效率。

② 容易理解也容易使用，可以缩减培训等费用。

③ 提高设计成果的可访问性。

④ 提升用户体验。

⑤ 减少用户的不满，减轻设计团队的压力。

⑥ 改善品牌形象，扩大竞争优势。

⑦ 为可持续发展做出贡献。

● 以人为中心的设计原则

以下列举了以人为中心的设计方法所应遵循的六项原则。

① 设计要基于对用户、工作及环境的明确理解。

② 用户需参与从设计到开发的整个过程。

③ 设计需经用户反复评测，不断地改进并精益求精。

④ 流程可反复进行。

⑤ 设计需全面考虑用户体验。

⑥ 设计团队需掌握多重技能并具备开放视角。

● 以人为中心的设计活动

下图为 13407 中被经常引用的"以人为中心的设计活动的相互依存性图"，该图会时常进行一些调整。决定使用以人为中心的设计时，处于本图中心位置的四个活动是必须要进行的。

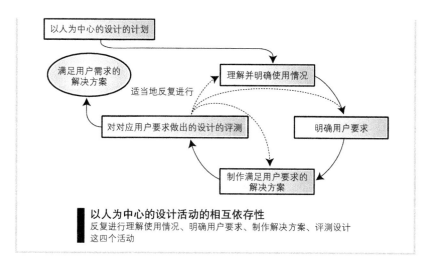

以人为中心的设计活动的相互依存性
反复进行理解使用情况、明确用户要求、制作解决方案、评测设计
这四个活动

1.2 产品可用性≠产品易用性

1.2.1 产品可用性可有可无吗

Usability 经常会翻译成易用性。在做市场调查时，易用性也经常会和功能、性能、价格等一同被视为用户购买产品时的重要考虑因素，可见其重要性毋庸置疑。

然而，如果把 Usability 理解为易用性，就很容易和为用户着想、对用户友好这类比较感性的概念相混淆，进而导致设计团队把它和对用户而言"有则更好，没有也 OK"的开发需求混为一谈。

在实际开发项目时，对成本、完工时间、产品质量等的要求是比较严格的。为了满足这些高要求，企划、设计、安装、质量监督、市场等部门如临大敌，奋战在产品开发的第一线。而处于这种极端环境下的设计团队如果只抱着"可用性＝易用性"的想法，就会越来越不重视产品的可用性。

但是，产品可用性却包含非常重要的意义，即"可用"。如果产品出现不能用的情况，相信设计团队也一定会更加认真对待并解决产品可用性的问题。

设计团队中如果没有产品可用性工程师，设计出的用户界面往往会带有严重的产品可用性问题，这会直接造成不少项目在用户界面完成之后的用户测试阶段，才发现设计出来的用户界面根本不能用。

要想不屡次犯这种错误，就一定要认识到，Usability 不是易用性，而是可用性。

1.2.2 根本没法用的产品

大家也许会认为，用户界面可能多少有些不太好用，但完全不能用的状况就属于极端事例了吧。然而，实际上有很多项目在开始时都是以"好用"为目标开发的，但完成后的测试结果却非常糟糕，最后只能将开发的目标转变为"能用"。

大家在上网时遇到过以下情况吗？

乱七八糟的搜索引擎

登录某家电厂商的官网搜索产品名称时，搜索到的全是产品宣传广告。另外，如果产品名称里有英文字母，检索时即使只是搞错了一个字母的大小写，也会"搜索不到您想要的产品"。

繁琐的订单页面

某网店的订单页面里要客户填写的内容有 20 项，而且每一项的内容都有严格的要求。比如，邮政编码里请不要加"-"，姓与名中间请输入全角的空格，电话号码的区号后面请加"-"，日期必须要凑足两位（例如 09/11）等。更过分的是，要是输入错误，在按下提交按钮后，就会逐个弹出提示每一个错误信息的对话框。

没法后退的网站

使用某金融机构的网站搜索门店时，会弹出专用的小窗口。只不过，在这个小窗口上没有任何的返回键或返回链接。如果用户在搜索过程中不小心弄错了什么，是无法退回到上一步的，只能从头再来。

用户使用这种"乱七八糟的搜索引擎"，若得到的都不是自己想要的搜索结果时，就会失去搜索的积极性，也不会再想了解产品信息了。

要是用户碰到了"繁琐的订单页面"或"没法后退的网站"，虽然可以在反复修改多次之后达到最终目的，但一旦操作结束，大家也许马上就会表示出强烈的不满："这是什么破网站！我再也不用了！"

从产品制作人员的角度来看，上面的例子也许只是"稍有些不好用"，但从用户的实际体验来看，就上升到了"这东西根本没法用"。所以说，从产品制作人员的角度来判断产品可用性是一件非常危险的事情。事实上，能代替你的产品的东西实在是太多了，只要你的界面让用户感觉到"没法用"，他们马上就会使用其他产品。正因如此，杰柯柏·尼尔森（Jakob Nielsen）博士在他的著作中才会这样说："能左右互联网经济的正是产品可用性。"

作为产品可用性工程师和用户界面设计师，如果把对产品可用性的理解停留在"可用"上，实在是有辱自己的头衔。因为同领域的设计专家们早已把目标定为"产品设计就是为了实现在确保安全性和正常可用的前提下，让产品更具魅力"。

交互系统的用户界面设计确实是一件非常复杂的工作。当务之急，是先把我们的水平提升到"至少保证用户界面已经达到了正常可用"的高度上。

1.2.3　产品可用性的定义

国际标准 ISO 9241 把产品可用性定义为"特定的用户在特定的使用场景下，为了达到特定的目标而使用某产品时，所感受到的有效性、效率及满意度"。

该定义的前半部分，出现了好几次"特定"这个关键词。实际上，对于某些产品或网站而言，无法简单地判断其是否有用。只有在确定了用户、使用情况和目标这些前提之后，才能使用有效性、效率、满意度这些标准来对其进行评价。

有效性

有效性（Effectiveness）指的是用户能够达成自己的目标。比如在网上书店购书，有效性就是指用户能够买到自己想买的书。如果买不到，这个网上书店也就没有存在的价值了。因此，有效性问题是无论如何都必须要解决的一大问题。

效率

效率（Efficiency）就是用户不必做无用功，就能以最短路径达成目的。仍以网上书店为例，如果购物车的操作很麻烦，用户反复操作很多次才买到自己想买的书，那这个网站就存在效率问题了。而且，严重的效率问题实际上就是有效性问题，因为这样的产品，用户用了一次之后，再也不会使用第二次。

满意度

满意度（Satisfaction）就是即使有效性和效率两方面都没有大问题，也要从更深层面来考虑，即有没有给用户带来不愉快的体验。比如，注册会员时要求用户提供过多的个人信息，或者要求用户同意单方面制定的使用条约，或者系统的反应速度非常迟钝等。一旦发生这样的情况，马上就会招致用户的抱怨，严重的话，可能导致用户不会使用第二次。

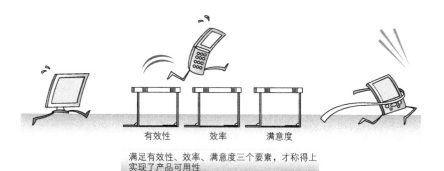

有效性　　效率　　满意度

满足有效性、效率、满意度三个要素，才称得上实现了产品可用性

■ 产品可用性的定义

只有符合 ISO 9241 的定义，满足以上三个要素，才称得上实现了产品可用性。然而，实际操作时并没有这么容易。比较现实的一个做法是，在权衡问题严重性的同时，首先解决有效性问题，然后在时间和成本允许的情况下，尽量解决效率和满意度的问题。

1.3 产品失败的原因

我认识的一些用户界面设计人员和软件程序员，他们无一例外都尽心尽力在为用户考虑。而且，他们也确实做到了不单纯注重市场和技术，想方设法做出了舒适好用的用户界面。然而，无论他们多么为用户考虑，结果总是不尽人意。很遗憾地讲，他们大半的精力都浪费在了不切实际的讨论和活动上。

1.3.1 橡胶用户

导致产品不能用的常见原因之一就是"用户定义失败"。如果大家听到有一款车是"敞篷越野面包车"的话，会做何感想呢？如果想让一个产品满足所有人的需求，最终设计出来的恐怕就是类似"敞篷越野面包车"这样的东西。当然，世上肯定不存在这样的车，即使存在，应该也不会有人买。在设计用户界面时，如果把所有用户都当作对象用户，就犯了类似的错误。

那么，只决定假想用户就足够了吗？比如说，现在把用户群假设为"关注时尚、注重自我的成年人"。但是，这样的假设是不严谨的，和不定义对象用户没什么区别。阿兰·库珀（Alan Cooper）把类似这样的假定用户群戏称为橡胶用户（Elastic User）[①],意思就是这样的定义可以根据设计人员的想象而随心所欲地变化。

我们经常会遇到这样的团队：在项目启动后的第一次会议上提到产品的假定用户群时，大家先是短暂地不知所措，然后郑重其事地提出我们的假定用户群就是所有的顾客。像这种没有任何条件限制的假定用户群，范围也太大了。

---

① 目前还没有针对这个术语的官方中文译法。暂且直译成橡胶用户。——译者注

在项目开始阶段，设计团队无论是时间还是精力都十分充沛。为了能够提供更好的用户体验，在新功能和如何改进用户界面方面，团队成员会提出各种各样的创意。然而，无论是多么优秀的创意，只要其他人能够想出哪怕一个不喜欢的用户，该创意也极有可能被搁置。如此反复，原本的创造热情会慢慢消退，也可能会出现团队成员感情用事、互相揭短的情况。

随着这种没有结果的争论持续升温，危机在不知不觉间就到来了，因为"交货"的时间快到了。危机面前，马上就变成由"声势大"的成员主导，假想出一些勉强可以使用现有用户界面的用户形象。对于其他团队成员而言，一是团队目前已身处悬崖边缘，再者自己对这种没有结果的争论也颇感无奈，于是也不会再反对，只好稍微改变一下自己一直以来主张的用户形象（因为是"橡胶制品"，简单可变），投了赞成票。就这样，没法用的用户界面诞生了。

1.3.2　产品使用背景

在浏览产品可用性的相关图书和网站时，我们经常可以看到产品使用背景（Context）这个术语。这个单词经常会被翻译成"上下文"，在英语文章里，常见的意思也是事物的"前后关系"或"状况"。

其实，产品使用背景就是类似舞台剧里场景设置那样的概念。举个例子，虽然是使用同一个旅游信息网站，但是"女大学生 A 在大学的电脑教室里计划和朋友的毕业旅行"这个场景，和"商务公司的业务员 B 使用办公室里的电脑安排下周的出差计划"这个场景就完全不一样。因此，不难想象用户在使用网站时用的功能和信息也是大不相同的。

可以说产品使用背景是"产品可用性的关键因素"。产品使用背景不同，即使是同一个系统或产品，也可能会出现不能用或非常好用这两种截然相反的结果。

例 1：转接非常麻烦的公司分机

我经常会因为接待访客、开会或者去做用户测试而不在办公室，因此使用固定电话是非常不方便的，所以公司把小灵通作为内部分机使用。无论在会议室还是在实际调查现场都可以使用小灵通接听电话。

但是，这种小灵通电话也存在很严重的问题，那就是转接功能不太好用。因为是公司内部分机，所以经常有打给同事的电话打到了我这里，然后由我转接的情况。当然，如果严格按照正常步骤来操作，肯定是可以转接的，但是一旦搞错了中间的一个步骤，电话马上就会挂断。大家都知道，无端挂断客户的电话是一件非常不礼貌的行为，也是绝不应该发生的。那么，发生这种情况，真的是小灵通设计上的问题吗？

话说，大家有在自己的手机上使用转接功能的经历吗？估计大多数人一次都没用过吧。实际上，上面提到的小灵通，其设计初衷和其他手机是一样的，就算不能转接电话也很好用。所以说，犯错的并不是小灵通的设计师，而是我们这些把小灵通当成办公室分机使用的人。

例 2：销声匿迹的 BP 机

20 世纪 90 年代前期到中期，高中生之间曾出现过一阵 BP 机热潮。1996 年，NHK 曾热播过一部纪录片，名为《BP 机友·12 字的青春》。然而，这股热潮并未持续多久，20 世纪 90 年代后期便逐渐销声匿迹了。

BP 机本来是商务上用来有效传递信息的工具。比如，它很适合用于上司给正在出差的业务员新的指示，或者在医院或工厂内部传递信息。但是用于高中生们闲聊的话，它还欠缺一个很重要的功能，那就是发送消息。大家都知道，BP 机是专门用来接收消息的。这种只能用来接收消息的 BP 机根本称不上是交流工具。

那么，那个时候的高中生是怎么发送消息的呢？答案就是固定电话。他们使用家里的电话，或者特意跑到有公用电话的地方发送消息。因为在当时，手机的价格非常昂贵，这样做也是无奈之举。虽说固定电话不太方便，但是只能接收消息的 BP 机再配上发送消息的电话，也勉强能达到目的。

后来，当高中生也买得起手机时，BP 机也就退出了历史舞台。

例 3：不会用到的重置按钮

卓别林的《摩登时代》用讽刺手法描述了"人类被机器耍得团团转"的情景，用户界面的设计原则之一就是必须具有可以让用户随时取消操作的"紧急出口"。

比如，Windows 里的程序，所有的对话框窗口上都设置了取消按钮，用户可以随时取消之前所做的操作。只要没有按下 OK 按钮，无论在对话框里做过怎样的操作都不会执行，因此用户可以安心使用。可以说，像这样在用户界面上设计了 OK 按钮和取消按钮的做法是非常好的。

但是，这只是窗口的情况。如果是网页，取消按钮就不是必备的了。在订单或注册页面里，如果并排放置发送按钮和清空按钮（也叫重置按钮），用户就很容易按错按钮，本来想发送，结果却清除了之前辛辛苦苦填写好的内容。

如果是纸张，与其用修正液修正或直接划掉，不如把写错的那张纸扔掉，重写一张反而更快。但是在网页上输入的时候，有谁会清空所有已经填好的内容重头再来呢？显然只修改输错的地方更快一些。再者，如果确实想放弃此次填写的所有内容，点击浏览器的按钮退回到上一步就行了。

不管你熟知多少设计原则，一旦理解错了产品使用背景，就不仅仅是没有意义这么简单了，反而给用户添了麻烦。

1.3.3 用户体验的点与线

改进用户界面时，有不少人会使用常用的市场调查方法。比如，通过问卷调查或者对用户访谈的方式，询问用户他们认为使用该产品（或该网站）最麻烦的地方是什么。

当然，这种方法也能发现问题，只要调查人数足够多，也可以找出用户界面存在的大多数问题。然而，即使通过这样的方法修改了所有发现的问题，用户体验也不会得到很大改善，因为在"重要路线"上还存在着不少问题。

用户界面的作用就是引导用户达成自己的目标，而用户在达成目标的过程中肯定存在着一条路线，在这条路线上但凡存在一个不能通过的关卡，就会使用户达不成目标。而且，即使只存在一个比较麻烦的关卡，也会使用户耗费不少精力。

即使已经优先解决了用户界面上存在的重大问题，但只要用户经常通过的那条路线上还有残留问题，用户体验就得不到很大改进。换句话说，必须要有一种能够清除所有问题的方法。

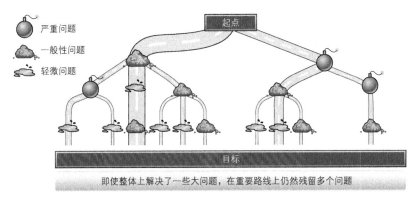

即使整体上解决了一些大问题，在重要路线上仍然残留多个问题

■ 用户体验的点与线

1.4　UCD 的最新四原则

UCD 的流程本身就比较简单，再加上从用户角度考虑问题的理念早已潜移默化地植入大家脑中，因此乍一看可能不会有什么新鲜感。然而，它的背后却隐藏着一些非常独特的原则。

1.4.1　不要盲从用户意见

"你们的产品如果有这样的功能（特色）就好了"——很多产品正是在开发时听从了这样的用户意见，导致最后的结果都不太理想。即使找借口说"用户的需求反复无常"来推卸责任，也不能从根本上解决问题，因为以"满足用户要求"为前提进行开发本来就是错的。

揭开用户意见的面纱
假设用户意见为 V，用户体验为 x，他们之间的关系就可以用 $V=f(x)$ 来表示。
所谓的用户意见，不过是用户自身对自己的体验进行分析的结果

用户的意见肯定是基于自身体验提出的，因为大多数用户在反馈时经常提到"我用了 ×× 但不太好用""花费了太多时间""让我很烦躁"等。用户所说的不过是对自己的亲身体验做了分析后的结果，并不会向你保证

分析结果的正确性，因此即使反复分析这些意见，也不会有新的发现。

而用户体验却是未经分析的第一手数据，如果能对此进行谨慎细致的分析，反而能发现一些甚至连用户自己都未发觉的潜在要求。也就是说，我们需要关注的并不是用户的意见，而是用户的体验。

1.4.2 只为一人设计

用户肯定是为了处理某项事情才使用我们的产品。其潜在的含义就是，如果不事先琢磨清楚"是哪些人为了什么目的而使用我们的产品"，就不能设计出符合用户要求的产品。但是，我们也经常会遇到这样的团队，他们在提及产品的用户群时，大家先是短暂地不知所措，然后郑重其事地提出我们的用户群就是所有的用户。

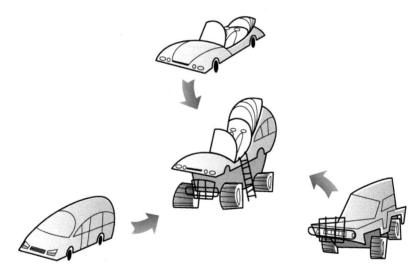

敞篷越野面包车
这样就能制造出一台既可在荒野里驰骋，又可搭讪泡妞，甚至还能送货的多功能汽车——用这种象征性的说法来揶揄设计人员经常犯的错误
出处：《About Face 3 交互设计精髓》，艾伦·库伯（Alan Cooper）、罗伯特·赖曼（Robert Reimann）、戴维·克罗宁（David Cronin）著，刘松涛等译，电子工业出版社，2012 年 3 月出版

　　然而不幸的是，如果你想满足所有用户的需求，那么最终开发出来的产品（如敞篷越野面包车）一定是谁的需求也满足不了的。

　　那么，我们大胆地设想一下"不要为所有用户设计，而只为一个人设计产品"。抛弃那些没用的功能，确保产品的简洁性。那些具备了所有功能的产品，不是经常被人指责"常用功能只有 20%，将近 45% 的功能基本上用不到"吗？

1.4.3　边做边想

　　一个人绞尽脑汁地想，或者一群人在会议室里无休止地讨论，这样是不会得到好的创意的。相比之下，边做边想（绘制一些简单的图，用身边的工具先做起来）反而更能发散思维。

绘图
要展示出产品的创意或内容，并不需要很高的设计技能。
简单的手绘示意图就可以促进交流了

　　也许大家会认为，能够快速且高质量地作图是设计师才具备的专业技能，但是"是设计师"和"像设计师一样（边动手边）思考"完全是两码事，这和画功的好坏也没有关系。比起口头说明，你画出来的图即使简单到只有线和圈，也更具有说服力。无论是设计师、技术人员还是管理人员，如今我们都应该做到"像设计师一样思考"。

来吧，把会议室的桌子和投影仪搬到角落，大家都到白板前画出自己的创意吧。

1.4.4 早期试错

虽说世界发明大王爱迪生曾经说过"失败乃成功之母"，但一味地失败是肯定不会带来成功的，愚蠢的失败只会带来损失。事实上，失败也是有"窍门"的。

- Fast ： 趁早试错。
- Small ： 重大失败会带来致命的结果。因此，要把失败的影响尽量控制到最小。
- Often ： 不可失败一次就气馁，要多失败几次。
- Smart ： 绝不可反复犯同一个错误。要彻底查明上一次失败的原因，再"聪明"地失败。

纸制软件也是可以测试的。不要把不会编写程序、没有预算、没有时间这些借口作为不去做的理由，只要是在力所能及的范围内进行尝试就可以。在设计的最初阶段就应该反复进行试作和测试，而且要"善于"失败。

第 **2** 章

用户调查法

2.1 老套的访谈方法

2.1.1 用户意见的局限性

现在在日本，产品可用性这个词的认知度已经非常高了。在网站或产品更新换代时，把"改善产品可用性"列为目标之一的项目也在逐渐增加。

不过，产品可用性这个词虽然已广为人知，但大家对其实现方法——产品可用性工程学却了解不多。正因如此，设计团队想要改善产品可用性时会采用以前的市场调查方法。比如，问卷调查、小组访谈以及对服务中心积累的信息做数据采集等。

但是，即使在分析这种用户意见的基础之上改善用户界面，也不会有很大成效。"希望这部分的功能能改成这样""如果能有这样的功能就好了"，类似这样的用户意见即便真的达成了，也未必能完全消除用户的不满，这些新功能也可能根本用不到。

一旦项目面临这种惨败的结局，设计团队马上就会质疑是不是负责调查的人员当初的调查的准确性和分析方法有问题，然后在进行下一个项目的时候，就会换一家调查公司。

但是，无论把取样范围扩大多少，哪怕是请统计学专家来帮忙，结果也不会有多大改变。事实上，只要依靠的是这种用户意见，产品可用性就不可能得到改善。

为什么不能指望用户意见

为了改善界面，必须先收集问题相关的数据，接着从数据中分析原因，最终推导出解决方案。然而，用户并未察觉自己出错的情况并不少见。

医生不会完全相信患者说的话，而是在仔细地问诊后做出诊断

▌用户意见的局限性

在做用户测试时，测试人员会询问那些在测试过程中费了好大劲才达成目标的用户意见，他们的回答可能是"还不错"或者"正常"。其实并不是这些用户顾忌询问者的颜面，而是他们自己并未曾意识到"费劲"这件事情。

其次，即使意识到了问题点，用户也无法正确分析原因。界面元素、界面变换、信息构成等众多因素交织在一起，如果想要查明问题的原因，需要敏锐的洞察力和丰富的经验。

比如，在对某在线商店做测试时，测试人员发现有不少用户没看到购物车的确认按钮。虽说用户声称"按钮太不明显"，但实际上这是一个综合了按钮的显示位置、标签和界面构成等元素的问题。

再者，就算用户能够分析出原因，如果不具备专业知识，仍然找不到最妥善的解决办法。用户无法理解软件硬件间的制衡关系，也不会为了解决这个问题而专门去学习新的技术。

丰田的 Raum 系列汽车是没有中立柱的，因为中立柱是上下车时的障碍，没有它肯定更好，但势必会造成汽车车身强度的下降。

最终 Raum 的设计团队很好地解决了这个问题。由于对用户而言，只会在上下车时才会觉得中立柱碍事，因此他们把中立柱设计在了车门里。如果能做到让中立柱随着车门的打开而移走，那么不仅不会影响上下车，也可以保证汽车车身的强度。这样的方案无论如何也不能指望用户自己想出来吧。

大家都知道，用户的意见和行为并不总是一致的。用户并不会在详细模拟自己的使用情况后再表述自己的意见，他们的意见只不过是自己的臆测。杰柯柏·尼尔森博士也曾指出：“基于自身经验提出的意见，可信赖度是很低的”。

参加用户测试的新人用户经常说的一句话就是：“我觉得习惯了的话还是很好用的”，但设计团队可不能盲目听从这种意见。要达到他们所说的“习惯”，可要耗费很大的精力，而用户是不可能耗费精力来习惯的。这些事情如果在实际测试中观察一下，就会一目了然。

摈弃意见，分析行为

虽然重视用户的反馈会给人一种这就是以用户为中心的调查方法的感觉，但是说得极端一点，这不过是一种完全依赖用户的行为。假如用户真的可以想出很实用的点子，并且愿意无偿提供给企业的话，那么专业的设计团队还有存在的必要吗？

作为设计团队，不应该只被动地从用户那里获取建议，而是应该主动地向用户提出方案。如果只会回应用户提出的需求，就称不上是专业人士了。设计团队只有满足用户自己都没察觉的潜在需求，才有存在的价值。

因此，设计团队应该分析的不是用户的意见，而是用户的行为。用户的意见已经是用户自行分析过的结果，因此从中不会有新的发现。而行为数据是未经分析的新鲜数据，如果谨慎仔细地分析，必然可以发现暗藏在其中的潜在需求。

2.1.2 小组访谈的局限性

座谈会形式的访谈称为焦点小组访谈（Focus Group Interview，简称为小组访谈）。这种方法可以很容易地掌握用户需求，因此在市场调查中被广泛使用。

因小组访谈以提意见为主，
所以参加者会受他人的影响

▍**小组访谈**

小组访谈时根据调查目的，会按照性别、年龄段、经验以及生活方式等划分小组。每个小组每次的参加人数都为 6 人，大家坐在圆桌旁进行座谈。座谈会另设一名主持人，向参加人员提示主题，掌控座谈会进展。

小组访谈以提意见为主

小组访谈的主要内容是参加人员之间的讨论。先由主持人抛出主题，接着由某个参加人员对该主题发表意见，然后其他人就会对该言论发表赞成或反对意见。

通过记录和分析该讨论过程，就会清楚关于此次主题的多角度看法，以及这些看法之间是如何相互影响直至得出结论的（然而，与美国人相比，日本人更内向，因此很多在日本举行的小组访谈，实际上更接近于小组面试）。

换句话说，通过小组访谈得到的信息大多数都是意见。当然，作为对意见的补充，有些不是很全面的体验也会被列入其中。然而，绝大多数的发言仍然是类似"我认为这里用起来不方便""我想要这样的功能"的意见。如前所述，这些意见很少能靠得住。

平均每人 16 分钟

当然，如果主持人肯下工夫的话，还是可以引导出一些具体的体验的。然而，若是要引导出小组里每个人的详细的用户体验的话，小组的形式也就没有意义了。

首先，每个人的平均发言时间会缩短。小组访谈的标准是一个小组 6 个人，共两个小时。因为在这两个小时里还包含主持人的发言时间以及一些无效时间，所以两个小时不是全部用来给用户发言的。事实上，无论小组访谈效率有多高，用户发言时间基本都在整体时间的 80% 以下。也就是说，平均一个人的发言时间是 2 小时 ×80% ÷ 6 人 =16 分钟。

仅陈述一个简单的用户体验就能用完 16 分钟。而且，如果让每个受访者都来谈用户体验，也就没必要专门把大家聚集在一起进行小组访谈了。

加以润色的故事

再者，小组访谈里经常会发生在听了其他受访者的发言后，感到自己也经历过类似事情的情况。小组访谈的前提是团队活动，参加人员之间的发言是会互相影响的。正因如此，在听别人的发言时，一旦产生"这样说的话，这种事情的确经常发生呢"的共鸣，轮到自己发言时，也会不由自主地在自己的经历中提到它。

这并不是存心搞破坏。我们从小就被教育与人说话时要尽量简洁易懂，不偏离主题。也就是说，讲话时尽量讲重点。在成人社会里，讲话时如果只是啰啰嗦嗦地罗列事实，绝对不是优秀的沟通方法。

另外，因为是在小组里当着所有人的面发言，发言者当然希望自己的表达比平时更流利、更清楚。因此，有时会因为受别人发言的刺激而修改自己的发言，有时会从多个话题里总结重点讲出来，有时会在不说谎的前提下润色自己的体验。不难想象，在这种情况下谈到的用户体验必然偏离了事实。

小组访谈中的高手擅于引导出参加人员的心声。虽然这对于注重"晓之以理、动之以情"的市场营销而言是非常重要的手段，但对于注重用户行为的产品可用性而言却没有任何价值。因为，对于那些很糟糕的用户界面，用户也只是抱怨"我再也忍受不了了"而已。

2.1.3 访谈的局限性

那么，一对一访谈就能引导出真正的用户需求吗？很遗憾，只要还是使用老套的访谈方法，即使一对一，也不能得到真正有用的信息。

按计划进行的访谈

举个例子，我们一起来看一下下面的访谈。

采访人员：××先生平时主要用手机的相机做什么呢？

用户：基本都是做一些小事。比如，给我家的小猫拍照片。出门的时候偶尔也会用一下。对了，也拍过公交车的时刻表。

采访人员：那您使用相机的频率高吗？

用户：嗯，倒不是完全不用，但大概一个星期也就用两三次吧。

采访人员：手机的相机您觉得有什么不太好用的地方吗？

用户：拍出来的效果不怎么样，另外还有……（略）

上面的采访人员事先准备好了问题，问题和问卷调查上的基本一样，但问卷调查只有在本身已有假设的情况下才会有效。然而，在用户调查的第一阶段，我们还没有任何的假设。

正因如此，在读了上面这个简短的交谈后，肯定会冒出不少疑问，比如，小猫的照片打算做什么用呢？"出门的时候"是去哪里？为什么不是拍地铁的时刻表而是公交车的时刻表呢？完全不用手机的时候是什么时候呢？为什么要使用相机呢？另外，到底是和什么相比才会觉得"拍出来的效果不怎么样"呢？又为什么偏偏会重视"拍出来的效果"呢？

如果想弄明白这些"为什么"，很显然这种事先计划好的访谈肯定是帮不上忙的。

归纳过的信息

那么，是不是让用户回答开放性问题效果会好些呢？比如像这个问题，一般情况下，您是如何使用 ×× 功能的呢？

很遗憾，恐怕这样的问题也不会得到想要的答案，因为用户回答的都是已经被他们归纳过的信息了。

比如，如果问一个大人："你放假的时候都做了些什么？"一般情况下会得到这样的答案："和家人一起去了东京迪斯尼乐园，待了三天两夜。孩子们玩得很高兴，大人们也觉得很不错。"但他不会事无巨细地告诉你交通路线、都玩了些什么、等了多长时间、就餐餐馆的菜单、买了哪些特产等。这种——罗列出做了哪些事情的行为应该是小朋友才会做的吧。

即使用户注意到了这点，会详细讲述自己的体验，采访人员也仍然会因为信息不完整而烦恼。因为用户不会从头说起，或者说到一半偏题了，又或者颠倒了顺序。另外，也会发生明明有人和他一起经历了某件事情，可他在描述时完全没有提及那个人，或者省略了和本次经历相关的前因后果等情况。

更让人烦恼的是，几乎所有的用户都不会提到特殊情况。用户一般都会先从标准流程讲起，但是，无论什么样的事务都会发生特殊情况，有时，这些特殊情况反而更重要。这样的例子屡见不鲜。

2.2 师徒式访谈

在之前"访问者和被访问者"关系下进行的访谈，无论如何深入挖掘，都只能得到已经归纳过的信息和一小部分有用的用户体验。于是，出现了一种全新的访谈方式——师徒式（Master/Apprentice Model）访谈。

2.2.1 背景调查法

在这种关系下，用户为师父，采访人员为徒弟，徒弟要从师父那里"继承"他的体验。基本的操作流程如下。

① 采访人员（徒弟）"拜入"用户（师父）的门下。

② 用户一边演示自己的体验，一边进行说明。

③ 采访人员遇到不懂的地方时提问。

④ 听完完整的体验后，采访人员把自己理解的内容复述给用户听，检查一下是否存在理解错的地方。

用户为师，采访人员为徒。
采访人员以"拜师"的心情进行访谈

▌师徒式访谈

这就是由 Karen Holtzblatt 开发出来的非常著名的背景调查法（Contextual Inquiry）。当然，这只是一种关系模型，在有限的访谈时间里，用户和采访人员之间是不可能建立起真正的师徒关系的。

这种方法的最大特点就是，用户打算把自己的体验教给采访人员。一旦用户准备把自己的体验教给别人，他就不会只讲结论，而是会从头到尾尽量按顺序讲解自己的体验（实际进行时，还是会发生不按顺序讲解、讲到一半跑题等情况，因此需要采访人员用适当的提问来避免这些问题）。

背景式访谈

背景调查法最大的原则就是"听取来自第一线的声音"。然而，除非是开发内联网或者公司内部的产品，否则界面开发项目很难进行真正的访问调查。

比如，即使是访问本公司产品的客户，市场部门也会面露难色。万一访谈过程中起了纷争流失了客户，或者出现访谈中客户提出一些要求，必须要市场部门跟踪推动之类的情况，那可怎么办？

再者，寻找自愿接受访谈的用户时，必须首先注重"自愿"，这样一来，符合条件的人简直少得可怜。结果就是不得不降低其他重要的选择条件，这也直接导致"师父的质量"令人不满意，访谈也达不到预期的效果。

这种情况下，就要引入师徒式关系模型进行一对一的访谈，也就是背景式访谈。一般会在会议室里，或者在公司外（比如咖啡店等）与用户见面。此时，访问者要带着平时用的产品，或者带着电脑模拟使用场景，以及准备画图用的白板或白纸。总之，要尽量让用户很快地进入师父的角色。

2.2.2 徒弟的思想准备

所谓师徒关系，并不是让采访人员去问问题，问题内容也并不是事先准备好的，而是在访谈中随着谈话内容的推进自然而然出现的。如果只是了解用户行为的外在表现，还不能提出好的问题。只有在清楚了用户行为的背景和细节的前提下，才能提出有用的问题。

基本技能

其实我们并不是真的把用户当作师父，事实上，要是我们真的跟用户说"请让我拜入您的门下吧"，用户估计会被吓得不知如何是好。所以，为了让用户能够不知不觉地进入师父的角色，采访人员必须掌握一定的技巧，这样才能获取有效的信息。此时要用到的最基本的技能就是请教、刨根问底和核实。

① 请教

请教就是告诉用户"我想知道什么"。此时要把话题慢慢引入特定的主题，这也被称为"聚焦"。访谈一开始经常会以"经常访问的网站"或"平时的工作内容"等话题开头，接着，慢慢地引入特定的话题，进而深入引导挖掘。

② 刨根问底

师徒式访谈并不是单纯听取并记录用户说的话就万事大吉了。只有完全理解了用户的话，才能称为"拜师入门"。为了做到这一点，用户的行为和说明里哪怕出现一丁点儿不能理解的内容，你也必须刨根问底。因为如果内容模糊不清，采访人员就会根据自己的臆测来诠释用户的行为。相比听取广泛的信息而言，师徒式访谈要更重视完全理解用户所讲的内容。

③ 核实

如果采访人员已经大致理解了用户发言的内容，就应该把理解了的内容复述给用户听，请用户帮忙核实正确与否。如果中间有理解错的地方，用户就会帮你指出来，有时用户还会根据你的复述，追加一些关联信息。

访谈案例

接着，我们来介绍一个背景式访谈的例子。例子中调查的是邮件杂志的使用状况。采访人员就是使用了请教、刨根问底和核实三项基本技能稳步推进了访谈。

（前略）

采访人员：您每天要浏览 50 封以上的邮件杂志，还要把它们分类，这很耗时吧？〔请教〕

用户：还好。虽说是浏览，其实也就是一目十行地读。一般情况下，光从寄件人和标题就能大概判断出内容了，之后再快速扫一眼正文的目录就差不多了。再者，大多数的邮件杂志都是把吸引眼球的内容放在正文的开头和结尾部分。先看一下最下面的文字，如果感兴趣的话再返回开头仔细阅读。〔刨根问底〕

采访人员：吸引眼球的内容是指哪些内容呢？

用户：比如说像"奖金 100 万！"这样的悬赏、宣传活动肯定是会看的。还有，我订阅的邮件杂志中有一些非常流行的专栏，一般登在邮件杂志的最后部分。

（中略）

采访人员：申请很多邮件杂志的话，慢慢地杂志数量会越来越多。关于这点，您一般怎么处理呢？〔请教〕

用户：登录之后，最新的五封邮件我都会仔细阅读。这样的话，基本就能清楚这些杂志主要讲的是什么内容，如果对这家杂志的主题没什么兴趣的话就会退订。〔刨根问底〕

采访人员：退订的操作比较简单吧？

用户：比较简单。一般的邮件杂志，最下方都会有退订的链接。单击这个链接，就会发送一封取消邮件，或者跳转到退订的页面上去。

采访人员：有不是这样的情况吗？〔刨根问底〕

用户：有，还不在少数。邮件里并没有退订的网址链接，就只好到它的官方网站上去取消，如果找不到就没办法了。

还有的情况是想退订，却发现忘记了用户名和密码。因为不同的网站，用户名和密码也会不一样，时间久了会忘记。此时就会用出生年月、地址、电话号码之类的逐个尝试，还是不行的话，也就没有办法了。

找客服也比较麻烦，所以不会去找。这样的邮件杂志，即便收到了也不会看，立刻删除。

采访人员：原来如此。看来发送退订的邮件是最简单的了，而且如果利用用户名和密码可以方便地取消的话就好了。

用户：我也这么认为。另外，也有一些网站是输入口令就能退订，我觉得这个方法也不错。

访谈的注意事项

如果能够维持良好的师徒关系，采访人员可以从用户那里学到很多东西。但是，因为这种师徒关系是假设的，非常容易被破坏，因此要在有限的访谈时间里建立师徒关系并维持下去，需要具备一定的经验才行。下面向大家介绍三点访谈时需要注意的地方。

不能被察觉出你是专家

一般来说，采访人员都是相关系统或产品的专家。但是一旦被用户知道这一事实，师徒关系就会逆转。一旦听到用户说出"这点可能您也知道……"这样的话时，就要非常注意了。另外，采访人员完全不做访前准备也是不行的。如果常识性的东西都不能沟通的话，用户也就不会愿意继续谈下去了。

不要去验证你的假设

访谈时，如果向用户提出"如果有 ×× 功能的话，您觉得怎么样"之类的假设性的解决方案，就会导致用户说出不是基于真实用户体验的个人意见。这是用户自行分析的结果，并不是真正的用户体验。千万不要忘记访谈的真正目的是收集未经分析过的新鲜数据。

不要在无效的问题上纠缠

一旦话题告一段落，就应该迅速转移到下个话题上。如果在同一个话题上反复追问"其他还有需要补充的吗"，只会破坏刚刚建立起来的师徒关系，回到最初"采访和被采访"的关系上来。

2.2.3　选择师父的方法

市场调查界把寻找愿意协助调查的人称为招募（Recruiting）。首先确定性别、年龄、婚姻状况、职业、居住地等条件（招募条件），然后从拥有大量有意愿参与招募的会员组织（样本库）中选出符合条件的人。

师父的条件

寻找师父虽然也要确定招募条件，但与市场调查不同的是，它不太重视人口统计学中的某些条件，比如性别、年龄等。如果真的想拜师，师父是男是女、已婚未婚等根本不需要考虑，反而是你要拜师的那个人，他的技术和经验比较重要。

举例来讲，假设你想要开发一款辅助销售用的软件，打算听一听销售经理和销售人员的意见，那么此时就没有必要考虑性别和婚姻状况这些因素了，职业经历和工作内容才是最重要的。如果采访的是新来的员工或者刚上任的部门经理，可能就不会得到有效的用户体验。另外，销售杯面和销售大型喷气式飞机相比，工作内容肯定是完全不一样的。

要找多少位师父

目前为止，并不存在一个能算出到底要找多少位师父的公式。当然，采访越多的相关人员越好，但是，对于前面例子提到的杯面销售而言，如果一下子采访 50 位销售人员，这笔投资并不划算。我们又不是要成为合格的杯面销售人员才做这个调查的。我们的目的是搞清楚销售人员平时都要处理哪些信息，以及对于这些信息而言，辅助销售的软件应该提供什么样的支持才能达到最大的辅助效果。从这个角度出发，我们就能注意到销售人员的日常活动内容，以及他们所属的部门有很多共同点。

通过限定符合此次调查主题的范围，适当地设置招募条件，将访谈定为每一个用户群为 5～6 人。就上面的例子而言，通过采访 5 位销售经理和 5 位销售人员，应该就可以得到足够的信息了。在实际操作时，用户群一般设定为 3～6 组，因此一共要采访 20～30 人。

调查公司的样本库

寻找愿意协助访谈的志愿者，途径有二。一是在调查公司建立的会员组织（样本库）中寻找。样本库的规模在数万人到数十万人之间不等，因此适合各种各样的招募条件。

然而，如果招募条件很复杂，符合条件的志愿者的比例就会低至千分之一，甚至万分之一。这样一来，即使是上面提到的数万人甚至数十万人的样本库，也只能招募到几个或者十几个符合条件的志愿者。而且，样本库里几乎没有登记多少拥有特殊技能的人（比如医生）的信息。

另外，虽然调查公司会把志愿者的基本属性（性别、年龄、职业等）注册到数据库里，但是却无法把握大家的职业技能高低和工作经验多少。如果每次收到业务委托时，都要通过问卷调查来寻找符合条件的人，又会增加成本。

人脉

另一种招募方法是利用人脉，就是拜托朋友介绍符合条件的人。由于采访认识的人反而会遇到这样或那样的问题，因此选人时还是尽量回避熟人比较好。但比如配偶的熟人或朋友、住在同一街道的邻居，又或者自己熟人、朋友的熟人或朋友，这些都是比较合适的。

事实上，很早以前调查公司也是通过人脉来招募合适的人选的。随着调查规模越来越大，才开始使用样本库这种更有效率的方法。与市场调查相比，背景调查法只能算是小规模的调查，因此即使招募方法已经过时，也能应付得来。当然，很多情况下还是通过人脉寻找志愿者更为方便。

　　首先，在招募有特殊技能的志愿者时，与调查公司的方法相比，通过人脉反而更容易招募得到。类似医生或者会计这些职业，即使调查公司的数据库里没有记录，但通过向同一街道的邻居来打听，或者通过同学录的信息反倒可以找到。而且，只要找到了一位，就可以让他介绍同行，这就很容易找到志愿者了。

　　使用人脉招募的另一个好处就是，可以灵活地调整招募条件。比如，在实际进行访问时如果稍微调整一下招募条件，就会发现这样可以更有效地进行访谈，或者能够马上察觉之前假设的用户形象并不正确。

　　如果使用调查公司的样本库，那么必须在一开始就把招募条件和需要志愿者的人数确定下来。而使用人脉的话，则是一直在反复并且接连不断地寻找志愿者，可以随时调整招募条件。虽说使用人脉招募的方法比较耗费精力，但确实是一个安全可靠的方法。

2.3 访谈实践

2.3.1 如何设计访谈

采用背景式调查法时，并不需要事先准备好问题。虽说问题是随着对话而产生的，但不能完全不做任何准备。为了能让用户在有效的访谈时间里进入师父的角色，就需要对参与者做想象力培训。

需要事先考虑的是对话如何展开。所谓背景式调查法就是在请教的名义下，让用户谈论自己的使用体验。但是，如果访谈一开始，采访人员就突然切入到核心话题的话，就会导致用户省略前后关系和情况说明，直接开始谈论中间过程，而且是挑重点讲。

为了避免这种情况，访谈要从职业、兴趣等范围比较大的话题开始，慢慢地进入正题。比如，如果就办公自动化设备的使用情况进行访谈，应该从用户日常的业务内容开始聊起，然后慢慢地聊到是因为什么开始使用这个办公自动化设备的，再按照"日常的业务内容→使用特定办公自动化设备进行的业务的具体内容→失败的教训／窍门→其他相关业务等"这个顺序展开话题。

下面的例子就是以办公自动化的用户为对象进行的访谈的概要。

办公自动化设备相关的访谈

1. 引子
   - 寒暄
   - 录音许可
   - 相关信息公开授权
   - 注意事项

2. **用户档案**
   - 目的：掌握业务内容
   - 问题示例：

"首先，能否请 ×× 先生介绍一下您的工作内容?"

（公司概况／资历／工作内容／专业、知识、技能等）

3. 使用情况 1

- 目的：掌握正常的使用情况
- 问题示例：

"×× 先生您好，我看您在工作中似乎用到了○○（办公自动化设备名），能否请您谈一下您平时是如何使用的?"（什么时候／为了达到什么目的／在哪里／和谁一起使用等）

"能否介绍一下最近一次使用○○（办公自动化设备名）的情况呢?"

"听说 ×× 先生有自己独创的使用方法，那您是否有独特的心得体会呢?"

4. 使用情况 2

- 目的：掌握特殊的使用情况
- 问题示例：

"×× 先生，您在使用○○（办公自动化设备名）时，是否碰到过让您不知所措的情况呢? 能否介绍下这段经历?"

"×× 先生，在您使用○○（办公自动化设备名）时，肯定碰到过需要暂时中断，先要处理其他事情的情况。一般是处理什么事情呢? 暂时中断的话设备会怎么样呢?"

"○○（办公自动化设备名）的功能里，有什么是您偶尔使用，或者根本没有用过的功能吗? 有您开始时会使用，但慢慢地不会再使用的功能吗? 能请您说一下原因吗?"

5. 希望

- 目的：掌握明确的用户需求背后的使用情况
- 问题示例：

"×× 先生对○○（办公自动化设备名）是否有'如果能有这

样的功能就好了'或者'这里如果能变成这样就好了'之类的想法？为什么会这样认为呢？"

6. 结束语

- 支付酬金
- 送客

需要大家注意的是，真正进行访谈时，请务必不要死板地按照上面例子中的顺序询问用户。采访人员应该在与用户的对话中随机应变，而且也没必要询问上面所有的问题。

举例来讲，说到正常的使用情况时，如果用户说："一般情况下做××事情比较多"，可能采访人员就会进一步询问："如果××做不了的话怎么办？"又或者如果用户使用了专业术语，最好当时就和用户确认一下术语的含义。

上例中的问题只能用在访谈刚开始、用户的发言告一段落时，或者抓住对话中的某一契机时。如果忽视这些，只是一味地按顺序抛出上例中的问题，肯定不能成功地向用户"开师"。只有在与用户的对话中深刻理解对方，才能提出有质量的问题。

2.3.2 访谈的地点、设备和人员

地点

背景式访谈可以在很多地方进行。如果使用调查公司的会议室，设计团队的所有成员都可以在用单面透光玻璃隔开的小房间里观看访谈的全程。只不过，这种会议室一天的租金高达 10 万日元（约 6200 元人民币）。

要进行 20～30 人规模的访谈，中间肯定会有不少人提出想更改之前约好的时间。由于能够满足招募条件的志愿者是很少的，因此应该尽量灵活地应对这种情况。但是如果事先预约的是公司外面的会议室，这点就很难

做到了。再者，也没必要让设计团队所有成员观看所有的访谈，因此，使用调查公司的会议室进行背景式访谈似乎太奢侈了。

我们推荐使用公司内部的会议室或者用来开会的办公室角落。因为如果是公司内的办公室，只要事先在公司内部协调，应该可以获得一个星期左右的使用时间（而且是免费的）。在这一个星期内灵活应变，应付 20～30 人的访谈应该不是难事。

另一个推荐就是采访人员到用户那边去。因为如果是让用户（上班族）特意跑过来，时间就只能限定在工作日的晚上或者休息日了。但如果是采访人员去用户的公司附近，哪怕是工作日的中午，一个小时左右的访谈时间，用户应该还是愿意答应的。

至于访谈地点，咖啡店之类的就可以。如果事先就和用户说好"这次想和您进行一次一个小时左右的访谈"，用户应该也会推荐他认为合适的地方。咖啡店这样的地方算是公共场所，因此有一个好处就是用户能够放松、自如地说话。

设备

背景式访谈并不需要什么特殊的设备。一般也没有录影的需要，能够录音就足够了。磁带录音机当然也可以，但是还是推荐录音笔，它不仅携带方便，而且不需要换磁带。虽说不怎么会用到数码相机，但准备一个也是很实用的。

以下为一些常用设备。

- 记录工具（笔、笔记本等）
- 访谈手册（访谈的概要）
- 表
- 录音机
- 数码相机
- 其他
  - 协议书（录音许可和信息公开许可）

○ 酬金
○ 收据

人员

背景式访谈一般是一对一的形式，但实际操作时，由两个人一起采访用户的情况比较多。这两个人大概有以下两种情况：一种是一个人负责对话，另一个人负责记录；另一种就是由像我们这样的调查公司协助访谈的情况，一个人是调查公司的职员，另一个人是客户公司的员工。

还有一种情况就是，要进行专业性很高的访谈时，也会让一位该行业的专家一起参与。也许大家会认为这样做就不能向用户"拜师"了，但事实上，这是一种用户和专家两人为师父，采访人员一人为徒弟的关系结构，这样反而能获得更多的用户信息。因为在涉及专业性很强的访谈内容时，也许会出现采访人员事先做了准备，但根本无法与用户产生实质性的对话的情况，这时用户会慢慢失去"教"的欲望。

2.3.3 进行访谈

构建信赖关系

如果和用户一见面马上就开始访谈，访谈肯定不会很顺利地进行。因为此时，采访人员和用户之间还没有建立起信赖关系。

实际上，用户此时对访谈这件事本身还是信任的，因为之前在招募时，调查公司已经通过样本库或者经人介绍与用户有过接触，用户至少不会担心被骗或者被加害。用户真正担心的反而是："我是否帮得上忙"。

为避免先入为主，在招募时不会事先告知用户此次访谈的内容，只会告知访谈的主题（比如办公自动化设备相关的访谈）、时间、地点和酬金。

为了无愧于采访人员提供的酬金（通常约 10 000 日元，约 620 元人民币），用户也希望自己能够提供采访人员期待的答案。然而，因为事先什么都没有准备，用户此时就会担心会不会回答得不好，或者在访谈中会不会发生不愉快。

为了消除用户的这种担心，首先就应该向用户展现自己的待客之道，比如帮用户挂上衣外套、引导入席、奉茶以及向用户表达参加此次访谈的谢意等。

紧接着，就应该向用户明确此次访谈的目的，确认相关的保密事项，比如个人隐私的保护、保密访谈内容等。虽然也有人担心在协议书上签字会给人一种很没有人情味的商业形式的感觉，但事先确认好双方应遵守的事项，确实能够建立起彼此之间的信任关系。

背景式访谈与一般的访谈不同，采访人员不会事先准备问题，而是让用户自由地谈论用户体验。而且，也经常会出现采访人员对某些问题刨根问底的情况。这一点，如果事先不告知用户，很容易让用户在访谈中产生疑惑，不愿继续说下去。

下面，我举例说明要如何进行一次访谈。

开场白示例

<寒暄>

- "您好！我是 X，这位是 Y（记录员）。非常感谢您在百忙之中参加此次访谈。"

- "最近，我们正在收集○○（目标产品）的相关信息。此次请 × × 先生过来，是想请您介绍一下您正在使用的○○（目标产品）的情况。"

<录音许可，信息公开授权>

- "为了确保完整记录您的意见，我们会对此次访谈录音，但录音内容除了用于分析外，不会在其他任何地方公开和使用。我们一定会慎重保管好录音。"

- "另外，今天和您的谈话，我们希望您也能保证不会向第三方透露，不知是否可以？"

- "可否请您在这份协议书上签名？"

<注意事项>

- "提到访谈，您说不定想到的是由我来提问，您来回答，事实上今天我们想请您随意地谈一谈。除了我问您的内容外，您想到的任何相关内容都可以说一下。"
- "在这过程中，我会就一些细节提出问题，可能有些刨根问底，请您不要介意，我绝无任何窥探您个人隐私的意思，只是想从您这得到一些启发。因此，请您抛开顾虑，一边联想平时的使用情况一边回答就可以了。而且，之前和您保证过，此次访谈的内容除了研究目的外，我们绝不会在其他场合公开或使用，请您放心。"
- "好的。下面我们就开始此次的访谈吧。"（开始录音）

把握用户个人信息

访谈一般是从工作、兴趣等与用户个人信息相关的问题开始。询问用户的个人信息时，不是类似"您的工作是什么?""我是一名公司职员。""请问您有哪些兴趣爱好?""我喜欢滑雪。"这种一问一答的采访形式，而是使用背景式访谈的三项基本技能——请教、刨根问底和核实，来把握用户的个人信息。

在调查商用产品和系统时，理解业务内容就格外重要了。虽说这个世界上有各种各样的工作，但用户只是利用这个产品或系统来推动自己的工作。为了能够理解用户所说的意思，首先必须要理解用户进行的业务内容。

采访人员会一直提问，直到完全理解用户的业务内容，而光是这个过程就会花上 20～30 分钟，但通过这个过程却能成功地建立起与用户的师徒关系。

把握使用情况

在对用户有了一个比较彻底的了解之后，就应该把话题转移到系统或产品的使用情况上来。通过访谈，逐渐明确用户是如何使用该系统或产品达到自己的目的的。除了请教、刨根问底和核实这些基本技能外，以下的小技巧也可以使用一下。

引出具体例子

采访人员把握不好访谈所追求的细节究竟有多细时，用户可能只会谈一些比较抽象的问题。此时要是可以和用户讲清楚需要具体到什么程度，用户就能明白采访人员的要求，进而讲出具体事例。

< 示例 >

- "请介绍一下最近一次 ×× 时的情况。"
- "今天的情况如何?"
- "可以的话，能在这里展示一下 ×× 吗?"

使用小道具

如果用户只是用语言来描述界面上的细节，这也是有局限性的。如果是专家，当然可以用专业术语来描述产品的零件和界面上的要素，但用户是不太清楚要"如何描述这个东西"的。而且，如果由采访人员来告诉用户该如何表述的话，就会导致师徒关系倒置，这点需要特别注意。

这时，最好请用户带着该产品来访谈，或者事先准备好产品。如果此次访谈的主题是网站，就要事先准备好能够上网的电脑，可以用户再现使用时的场景。

如果事先准备实物比较困难，就需要准备产品的照片，或者让用户当场画出产品的示意图。为此，就需要做些准备，比如收集产品说明、事前拍摄产品照片以及在会场里摆放白板或文具等。

防止跑题

另外，如果遇到用户跑题的情况该怎么办? 比如说，和中老年妇女进行访谈时，经常会跑到儿孙的话题上来。此时，采访人员要是表现出很感兴趣的样子，用户就会更详细地谈论这个话题，但访谈不是为了听用户说这些才进行的。如果采访人员过分地恭维用户，反而容易引起误解。

在正式进入访谈之前，
首先应该构建信任关系

拜入用户门下，询问具体的使用情况。
当不方便准备实物时，使用产品说明
书和使用手册等效果也不错

采访人员应按照预定的时间
及时终止访谈

▌进行访谈

当然，也没有必要全盘否定用户跑题时说的话。根据当前谈话的语境，如果"孙子"的话题是很自然地被引导出来的话，还是有必要听一下的，说不定"孙子"和界面有着什么联系。在听了一段时间后，如果发现这个话题和主题完全没有关联，可以委婉地提醒用户，让话题回到主题上来。

访谈结束

在招募志愿者时，一般都会告知用户访谈的时长。因此，在原则上，访谈应该在约定时间内完成。

超时的原因一般都是因为采访人员不敢贸然结束访谈。缺少经验的采访人员会担心，如果就这样结束访谈，会不会忘了问什么重要信息，因此犹豫再三。

然后，一旦完结了某个话题，就很难从中问出新的信息。与其在同一个话题上纠缠不清，还不如转移话题。但转移话题后，要想深刻理解这个话题，又得花上 15～30 分钟。

　　综上所述，一旦到了访谈结束的时间，既不应该在同一话题上纠缠不清，也不应该转移到新的话题，而要果断地结束访谈。因为在同一话题上纠缠不清也不会有任何效果，转移话题的话又会导致严重的超时。

　　此时，应该向用户正式宣布此次访谈结束，送上酬金，请他在收据上签字，最后再一次向用户表达谢意，送客。此次访谈就彻底结束了。

结束语示例

- "这次的访谈就要结束了，您还有什么需要补充，或者有什么话想对我们说吗？"
- "访谈到此结束。我们已经准备好了酬金，请确认下金额，并在收据上签名。"
- "非常感谢您在百忙之中抽出时间参加此次访谈。"（送用户出门）

验证假设型访谈

　　有时，在背景式访谈之后，也会紧接着一问一答式的访谈。

　　生产厂商的负责人可能会拿来一些需要你帮忙确认的东西（比如某产品的策划方案），如果碰到 20～30 人规模的访谈，我觉得也可以同时验证一下产品策划方案的可行性。但如果在拜师的过程中做此类调查，就会让之前的努力化为乌有。

　　因此，这种被称为"验证假设型访谈"通常会被统一安排在背景式调查之后（结束语之前）进行。

专栏：前辈和后辈

　　背景式访谈的关键就是构建与用户之间的师徒关系。然而，虽然这里提到了师徒关系，但大家应该都没有过拜师的经历吧。因此，可能很多人会认为只有具备特殊技能的专家才能完成这项任务，所以从一开始就想放弃吧。

　　事实上，师徒关系这种由欧美国家的设计师设计出来的模式，我认为有点小题大作了。因为欧美国家的设计师大多数都会在入职培训时遇到拜师的情况，而在日语里，"前辈"和"后辈"①这两个词基本上就能涵盖这层意思了。

　　我记得在我大学毕业进入公司时，是跟着前辈一起工作的。前辈不仅教会了我完整的工作流程，甚至还把自己琢磨出来的思考方法、小技巧、解决问题的方法等也教给了我。慢慢地（经过了很长时间后），我也能够完成和前辈同等甚至更高水平的工作了。

　　这种程度的拜师相信谁都能做到。只要不慌乱，想着前辈教给你各项本领和技能时的心态和方法，我相信谁都能胜任师徒式的访谈。来吧，让我们在和用户做访谈时，发自内心地说一声："前辈，请教教我吧。"

---

① "前辈"指资历比自己老的人。"后辈"指资历比自己年轻的人。——译者注

2.4 情景剧本

通过背景式访谈，采访人员可以对用户的体验和技能做模拟体验。如果项目只由一个人开发，那么这个人只要能够把握用户体验的话也是可以的，但实际上，项目开发都是由团队来负责的。而且，让一个人负责 20 ~ 30 人规模的访谈也不现实。一般情况下都是由设计团队整体来分担所有的访谈。因此，把各个成员获得的用户体验分享给其他成员的方法就十分重要了。

2.4.1 文档化的必要性

首先想到的方法是再听一遍访谈时的录音。大家可能会认为，再也没有什么方法比录音更能传达出用户的本意了。

听了录音就会知道，用户并不一定是个好老师。在用户的发言中，讲到一半就停了、描述得颠三倒四、介绍不充分、跑题等情况时有发生。此时，采访人员会一边与用户对话，一边在脑海里自己补充不足、删除多余的部分，从而再现用户体验。并且，像肢体语言、手势和语境这些只能意会不能言传的隐性知识，对理解也非常有帮助。

这种隐晦的信息，旁观者如果只是重听录音的话是很难领会得到的。即使最终领会到了，也是花了很长一段时间分析录音的结果。

那么，如果让采访人员自己向其他成员说明的话应该就没问题了吧？因为是本人参与的访谈，把自己听到的信息详细地介绍给其他人应该是最直接的。

这的确是一种有效的方法。而且，如果采访人员能够加入一些表演成分，一定可以将用户体验活灵活现地展示给其他成员。但是，如果让参与访谈的成员逐一说明的话太浪费时间，而且如果以开会的形式，也不一定能把所有成员召集到一起。再者，如果在这之后想参考这次访谈的信息时，或者向上级管理层介绍这次访谈时，就不得不反复召开这样的会议。

　　也就是说，还是需要将访谈文档化。但是，文档化时会压缩信息，失去信息本来的面目。不采用旧的访谈方式，而特地采用师徒式访谈的原因，就是为了避免对用户体验的把握停留在概括后的信息和不完整的用户体验上。对于好不容易入手的第一手用户数据，采访人员不应该独断地做任何加工。

　　有市场调查经验的人可能会认为，最好让调查负责人分析数据，然后把分析后的结果报告给团队。确实，收集的数据只是"用户的意见"，数据本身也无法再进行更详细的分析，所以设计团队更感兴趣的是对数据进行概括、分类和统计的结果吧。

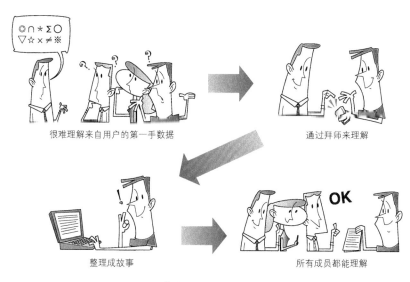

很难理解来自用户的第一手数据　　　　　　通过拜师来理解

整理成故事　　　　　　所有成员都能理解

▌访谈和情景剧本

　　另一方面，我们通过了解实际的用户体验来探索用户自身都未察觉的需求。无论采访人员对访谈多么在行，实际的用户体验仍然不会很明确（因为用户自己也没有察觉）。除了从背景（场景和前后关系）推测外，无法得知用户为何会做出那样的举动。也就是说，并不是通过用户主动坦言，而是通过收集证据得出结论。

能够有效地再现用户体验的场景，支持设计团队讨论的一个工具就是情景剧本。

2.4.2 什么是情景剧本

情景剧本（Scenario）就是主人公——用户使用系统或产品时的情景剧。以写故事的手法，把用户使用系统或产品时的背景、为了达到何种目的、如何使用及其结果描绘出来。

使用情景剧本的好处

以写故事的手法来记述用户体验的最大好处就是不会丢失背景信息。若逐条记载访谈内容，要么会因为只概括了大概内容而导致前后关系不明，要么会发现示意图或照片可以被理解成各种各样的含义。如果是写故事，就可以完整地描述出用户是在什么样的情况下，采取了什么样的行动，最终导致了怎样的结果。也可以通过逐条记录操作步骤或用示意图、照片的方式说明环境，以此补充情景剧本。

而且，若以写故事的方法记录用户发言，也会使内容更加严谨。人与人之间的对话，常会夹杂"那个""这个"等口头语，或者省略主语，甚至有些话的含义并不明确，因此不同的人经常会有不同的理解。但情景剧本就必须明确主语和宾语，不可以使用含义模糊的话，因此无论读者是谁，理解都是一致的。

再者，以写故事的手法写出的情景剧本，任何人都能读懂。比如，如果用流程图来表述，工程师很快就能适应，但是对设计人员来说可就难办了。相反，如果采用漫画的故事版面来表述，工程师可能会觉得繁琐冗长。如果是故事风格的情景剧本，根据读者的不同，可以改编成流程图或分镜图等，但反之则不可行。

情景剧本示例：在线辞典服务

● **用户的个人信息**

T 先生（30 多岁的中年男性）是供职于某软件开发公司的工程师。由于工作性质，需要了解最前沿的 IT 资讯，而这些资讯主要来源于国外的网站和邮件新闻。但是，T 先生的英语不太好，两年前参加托业考试时才考了 600 多分。虽说与专业有关的英语大概能看个明白，但要想精确地把握含义的话，就要借助辞典了。

● **使用在线辞典服务的原委**

以前 T 先生主要使用电子辞典。虽然携带方便，但输入不方便，而且显示屏幕太小，要一直翻页阅读，这让 T 先生很不满意。更加让 T 先生不能忍受的是，很多 IT 相关的专业术语经常查不到。

因此，大概从两年前开始，T 先生就使用了免费的在线辞典网站。该网站不仅广泛收录了各专业的术语，而且还及时收录了当前的流行语。另外，它的翻译并不生硬，这点令 T 先生很满意。因此，无论是在公司还是家中的计算机里，T 先生都把该网站添加进了网址收藏栏，以便在需要查询时随时访问。现如今，已经完全用不到电子辞典了（T 先生的公司和家里都可以上网）。

● **使用场景 1：简单使用**

如果是比较短的英文（一页 A4 纸的长度），T 先生一般都在电脑上阅读。如果遇到了不认识的单词，就新打开一个浏览器窗口，通过书签访问在线辞典网站。

有时 T 先生会直接在检索框内输入要查询的单词，一般通过简单的复制粘贴查询单词，因为如果手动输入不小心拼错单词的话，就什么都搜索不到。以前使用电子词典时，就算是拼错了单词，也会提示类似的单词一览以供选择。T 先生认为在这一点上，电子词典倒是非常方便。

确认了单词的含义后，再通过任务栏切回到英文网站。若再看到不认识的单词，仍然需要切换到在线词典进行搜索。但是，如果要查找单词的数量比较多，就要频繁地切换窗口，使用上有点不方便。

●使用场景 2：复杂使用

要阅读长篇的英文时，T 先生一般都会先把文章打印出来。这样做，一是因为在电脑上看太累，其次是因为在电脑上阅读的话不能添加标注。不懂的单词还是得通过在线辞典网站查询。虽说 T 先生也特别注意不拼写错误，但是也会出现因拼写错误而查不到的情况。

确认了检索结果后，T 先生会把他认为最合适的解释标注在英文单词旁的空白处。因为在比较长的英文文章中经常会发生读了几段之后又重头读起的情况，如果不把翻译的结果标注在文章里，很可能下一次又要重新查一遍。

尽管如此，还是会发生同一个单词检索多次的情况。因为对于一篇几十页的文章来说，很难记住上一次查询的结果标注在了哪一页，与其回头找，不如重新查询一次比较快。因此，T 先生认为，如果在线词典服务能把之前查过的单词以列表方式显示出来的话，那就方便多了。

●使用场景 3：特殊情况

在写英文邮件时，T 先生偶尔也要使用日英辞典。这时也是使用在线辞典网站。然而，该网站默认使用的是英日翻译，要想使用日英翻译，就必须每次都转换一下设置。因为 T 先生平时使用的都是英日翻译，所以很多时候只有在检索结果为 0 时才注意到设置没有更改。所以，T 先生认为如果能够自动识别语言种类的话就更好了。

2.5 分析情景剧本

2.5.1 情景剧本的写法

情景剧本并不是依据访谈的录音写成的。如果未能在访谈里对问题进行刨根问底,没有完全理解用户的话,情景剧本也就无从写起了。在对用户的发言一知半解的状态下,不管你回到办公室里再反复听多少次访谈的录音,都不会有任何效果。

创作单个故事

如果已经完全理解了用户的发言,就没有必要再听一次录音了。大多数情况下,都是依靠访谈时的笔记和记忆来创作情景剧本的。然而,因为记忆会随着时间淡化,所以访谈结束后应尽快创作情景剧本。白天访谈后,当天夜里就应该写成情景剧本。

在写情景剧本之前,应该一边看着笔记,一边回顾访谈,确认要写进情景剧本的内容是否都是笔记上的。如果有遗漏,先补写在笔记中。

然后,参照笔记内容,逐一写成单个的故事。有时会把一整块的内容转换成一个故事,有时也会把散布在笔记各处的内容整理在一起形成一个故事。

这里,我会把已经写成故事的笔记用线划掉。一是为了不漏掉任何数据,二是防止重复利用数据。在这个阶段,可以不考虑先后顺序,一口气把所有短小的故事先写出来再说。

推敲情景剧本

所有故事都写好后,就要考虑把它们组合成情景剧本了。可以按时间排序,也可以根据相互间的影响调整次序,或者按因果、包含等关系把多个故事合并成一个。

情景剧本就是这样经过反复推敲而形成的。因此，哪怕是有一定经验的采访人员，创作一个时长为 1 小时的访谈情景剧本，也需要 2～3 小时。对于情景剧本的长短并没有一个严格的标准，不过对于一个 1 小时的访谈来说，情景剧本的长度大概在 3～4 页 A4 纸左右。

依靠笔记和记忆，先写短小的故事，再反复推敲后完成情景剧本

▌创作情景剧本

评测情景剧本

然而，我们真的可以完全信任情景剧本吗？情景剧本是采访人员根据自己的理解写出来的，但我们不能否认采访人员有可能会误解用户的发言。再者，采访人员在返回办公室写情景剧本的过程中，说不定会对用户的行为产生新的疑问。

▌再次访谈

这种情况下，就要约那位用户再进行一次访谈，请他本人来检查情景剧本。情景剧本只是普通的文章，任何人都能读懂。把情景剧本拿给用户，请他确认是否有错误或遗漏的部分。如果有新的疑问，也可以在这个时候追问。

实际上，基本上总会有几处采访人员误解的地方被用户指出来。另外，因用户自身的错误而在此时提出改正的情况也不少见。很可能用户在第一次访谈结束后回到公司或家里再次确认了一下，发现实际情况和自己说过的内容存在差异。

再次访谈的结果，大多数都会有 10%～20% 的修改。这种经过用户本人确认过的情景剧本，就可以得到设计团队所有成员的信任了。虽说再次访谈会花费时间和经济成本，但确实是提高情景剧本准确度的有效手段。

评测访谈的不足之处

然而，让用户来评测情景剧本的做法也有不好的一面。本来背景式访谈就是让用户谈论工作及工作单位的"非正式"信息，一旦把他们的发言再次以文章的形式给他们审读的话，会引起他们的警戒心，可能会被要求删除相关内容。

如果能够说服用户一定会保护好他们的隐私则不会有问题，但如果用户坚持要删除的话，也只能照做。特别是为了控制评测情景剧本的成本，用电话或者邮件等方法让用户确认时发生这种情况比较多。原则上，情景剧本的评测要和用户当面进行。

2.5.3　情景剧本的使用方法

完成后的情景剧本要向设计团队全体成员公开。让拥有不同背景的团队成员从各自的角度阅读情景剧本并提出修改建议，一定能获得很多灵感。在说明自己的创意时也可参照情景剧本，将其作为灵感的来源和其他成员一起探讨，其他的成员也可以冷静地判断该创意的价值。

但是，如果任由大家自由思考，就无法讨论到一块儿了。这里并不是要大家不去自由思考，我的意思是，如果大家都可以把精力放在价值较高的信息点上，就会更有效率。能够从情景剧本中提炼出的最有价值的信息，当属"货真价实的任务"和"真正的用户需求"了。

货真价实的任务

用户测试里要求体验者做的事情叫作任务。如果任务并不能反映用户在现实中所做的事情，该测试就没有任何意义。

比如，手机的基础功能里有一项功能叫作"添加到电话簿"。很多设计师会把"把纸上记录的人名和电话号码输入到手机"作为假想任务，然而实际上，用户更多操作的则是"从通信记录中添加"。因为输入电话号码比较麻烦，而且一旦输错就会更麻烦，所以都是直接从通话记录中把手机号码添加到电话簿里。当然，手动输入电话号码的情况肯定也有，但在使用频率上一定很小。像这样，设计人员根据自己的经验或臆想产生的就是"假"的任务。

另一方面，情景剧本里描述的就是用户在现实中所做的事情，因此可以称为是货真价实的任务的宝库。从情景剧本里找任务也非常简单，一般来讲，一个故事就是一个任务。

比如，前面提到的在线辞典网站的例子中，"（使用辞典）阅读英语短文""（使用辞典）阅读英语长文""（使用辞典）写英文邮件"就是几个不同的任务（"查询单词的含义"并不是真的任务，因为即使是做"查询一个列表所有单词的含义"的测试，也不会发现这个在线辞典真正存在的问题）。

真正的任务不仅有助于用户测试，更是设计团队构思界面时的必备信息。如果在未能理解任务的情况下就完成了系统和产品的设计，今后肯定后悔"没想到用户还会这样使用"。

真正的用户需求

情景剧本里经常会出现"要是有 ×× 功能就好了""×× 功能都没有，真不方便"这样的明确的需求。但是，只为获取这样的需求，特意拜用户为师写出来的情景剧本就没有任何意义了。

设计团队应该从情景剧本里读到的是，即使用户没有明确说明，根据上下文也可以推断出的必备的需求（即隐藏的需求）。

比如说，用户不会要求"理所当然的事情"。访问网站时，任何时候都应该能够返回上一页，这应该是理所当然的功能。但有的网站在返回到上一页时，就会清除掉好不容易输入进去的所有内容。而情景剧本中只会记录在用户输入到一半时，因为各种各样的原因，需要返回到上一页的情况。此时，设计团队必须能够提炼出"即使返回到上一页，也可以继续输入"的需求。

另外，也存在一些用户并没有注意到的需求。比如，用户会用到打印网页的功能。不经处理打印的话，就会把导航栏也一起打印出来，或者出现网页过宽，与打印纸大小不符等问题。虽说用户并未对此表示出特别的不满，但这也并不是优秀的用户体验。在用户明确需要用到打印功能时，就应该考虑到设计"适于打印的页面"。

另外，也不可盲从用户提出的需求。也许是用户自己搞错了，也可能是背后还有隐藏的需求。因此，直接使用用户提出的需求的情况并不多见，一般都是在理解了用户要求的背景后，转换成真正的用户需求。

2.5.4 探索用户需求

情景剧本就是普通的文章，因此有各种各样的分析方法。有的人会从整个情景剧本中提炼主要内容，有的人则会特别关注某个故事，进而深入挖掘其中的内容。

另外，分析人员总是倾向去发现那些一旦解决了就会让人刮目相看的用户需求。确实，通过分析情景剧本，是能够发现谁也没注意到的用户需求。然而，要是注意力都被这种所谓的"大发现"吸引，而忽略了一些显而易见的用户需求的话，就本末倒置了。因为界面的作用不是为了看着华丽，而是为了支持用户达到操作目的。

接下来，我们就来介绍一下如何分解情景剧本并加以分析。按照下面的步骤，就可以对情景剧本各部分进行全面性的分析了。

步骤一：分解

我们根据上下文关系，以段落或句子为单位分解情景剧本。当然，此时不应该只是机械地按句号进行切分，而是要根据用户行为、场景等的切换进行分解。若是把一个完整的句子切分开，很可能不易理解，因此原则上不切分句子。为此，在写情景剧本的阶段就应该注意，不要在单个句子里包含用户的多个行为或要求。

步骤二：分析

从分解得出的段落或句子中寻找用户的需求。应在理解用户的行为在整个情景剧本中具有怎样的意义的基础上，从逻辑上推导其背后的潜在需求。

　　然而，请注意不要把用户需求和解决方案混为一谈。所谓寻找用户的需求是指，设计团队定义首先要解决"什么"（What），然后再研究"如何"（How）解决。如果不小心把解决方案当成了用户需求，就会制约后续设计，或者导致设计了没用的功能。

　　一般而言，用户需求都是抽象的表现。要是需求中出现了具体的功能名称或界面元素，就要当心了。比如，在网上商城相关的情景剧本里，"网站上没有公开的信息如果能通过邮件来咨询就好了"并不是真正的需求。

　　因为对于使用网上商城的用户而言，为了获取想要的信息，绝不会特别指定"请发送邮件通知我"。只要能够解决心中的疑问，无论是通过电话、搜索功能还是邮件，都是可以的。用户之所以提到邮件，肯定是在特定背景下。说不定用户会武断地认为，如果使用电话咨询，既花电话费，又有时间段的限制。如果该企业设有一个一天 24 小时、全年无休的呼叫中心的话，只要把这个免费咨询号码公开在网站上，应该就可以解决这个问题了。

　　上例中，如果把需求整理成"对于网站上未公开的信息，希望通过一些途径尽快获取"，设计团队就可以有针对性地研究解决方案了。

▌步骤三：思考

　　研究可以满足用户需求的妥善的方案。之所以提到"妥善"二字，是因为若解决方案只是纸上谈兵，是不能解决任何问题的。解决方案应该在全面考虑技术、成本、日程等各种制约因素的基础上，在可能实现的范围内进行研究。

　　因此，研究解决方案可不是分析人员凭一己之力就能承担得了的。虽说从写情景剧本到探索用户需求这个过程，由最了解用户的采访人员来负责是最有效率的，但是到了研究解决方案阶段，就应该在设计团队范围内进行集体研讨，多听取大家的意见。当然，这时也应该参照情景剧本进行讨论。因为一旦不小心误解了背景或用户需求，很可能会导致最终的解决方案与用户需求南辕北辙。

　　然而，通过集体研讨得出的解决方案，此时也只能称为"方案"。只要未被做成模型实际经过用户检验的，就不能说它真正满足了用户的需求。因此，只把时间花费在做成一个解决方案上纯属浪费。此时把所有满足条件的方案整理成列表就可以了。

分析示例：与在线辞典服务使用相关的情景剧本

使用如下表所示的格式来分析情景剧本会有显著效果。这里，我们针对在线辞典服务的情景剧本探索用户需求，并得出几个解决方案。

序号	情景剧本	用户需求	解决方案
1	如果是比较短的英文（一页 A4 纸左右），T 先生一般都在电脑上阅读		
2	在浏览英文网站时如果碰到不认识的单词，新打开一个浏览器的窗口，访问书签中的某个在线词典服务	希望访问时的操作简便易行	● 专用的工具栏 ● 从快速启动栏启动
3	有时 T 先生会直接在检索框内输入要查询的单词，大多数情况下会通过简单地复制和粘贴来完成这一操作	希望通过最简便的操作正确地输入单词	● 增量搜索 ● 拖曳
4	如果不小心拼错单词，会搜索不到任何信息。以前使用电子词典的时候，即使拼错了单词，也会列出相似单词一览表以供选择。T 先生认为在这一点上，电子词典倒是非常方便	即使拼错了单词，也希望可以通过最简便的操作就能找到想查的内容	● 提示类似的候选单词
5	确认了单词的含义后，再通过任务栏切回到英文网站。若再遇到不懂的单词，仍然需要切换到在线词典进行搜索。要查找的单词数量比较多时，就要频繁地切换窗口，很不方便	希望可以同时使用原文和词典	● 多窗口 ● 专用工具栏 ● 窗口最小化

▌分析示例——在线辞典服务相关的情景剧本

2.5.5 分析情景剧本的好处

使用了情景剧本，设计团队才不会被旧的市场数据耍得团团转，而是能够切切实实地推动项目的进展。

使用情景剧本分析并不依赖用户的意见。情景剧本只是再现了用户的实际体验而已，它记载的全部是事实。而设计团队正是基于这些事实探索用户需求，继而研究出具体的解决方案。在这个流程里，完全不会用到用户的任何意见（分析的结果），毕竟他们是外行人。只是请用户说出事实，之后由专业的设计团队再做分析。

另外，情景剧本也会给设计团队适度的制约和自由。如果没有任何制约，系统和产品的设计也无从谈起。相反，若是详细给出了要做什么，那也就没有设计的必要了。情景剧本里所描绘的背景（场景和前后关系）给解决方案以适当的制约。在能够满足这些制约条件的前提下，设计团队可以自由发挥想象。正是这种制约与自由的制衡，调动了设计团队的创造性。

而且，情景剧本的分析是可逆的。如果模型的测试结果并不理想，设计团队可以再次回到情景剧本上来，推敲之前解决方案的研究过程，彻查到底是哪个地方理解有误。正是由于有情景剧本，设计团队才可以从失败中学到更多的东西。

专栏：角色

● 假想的用户角色

通过背景调查，我们可以获得很多有用的信息，其中最有价值的信息就是"目标用户形象"。一旦明确了目标用户形象后，设计团队就可以避免被橡胶用户耍得团团转转，从而能有针对性地开发产品。为了让目标用户形象更加具体化，就有必要设计角色（Personas）了。

角色是为了坚定设计团队的意志而设计的假想的用户形象。自从阿兰·库珀在著作中提倡把角色作为软件开发的关键因素之后，角色的价值慢慢被大家认可，现在被广泛应用在从网站到消费品开发的项目中。

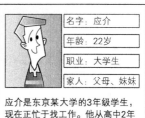

名字：应介
年龄：22岁
职业：大学生
家人：父母、妹妹

应介是东京某大学的3年级学生，现在正忙于找工作。他从高中2年级开始使用手机……

要像描述一个真正存在的人物那样来描述角色

▌角色示例

○ 如何设计角色

角色既不是实实在在的用户，也不是由设计团队凭空创作而来，而是从调查结果里挖掘出来的。我们可以通过以下步骤来设计角色。

1. 进行访谈

招募的访谈对象要尽量覆盖预想的

用户群，一般 20 ～ 30 人左右。非常小型的项目也有只调查 5 ～ 6 人的情况。

2. 把用户分组

如果深度挖掘访谈结果就会发现，用户的体验和行为可以从不同的角度分类。此时，我们就可以根据使用该产品的目的或需求、在组织或团体里的职责、IT 技能或行为的相似性等把用户分组。为方便起见，最好为各个小组取一个能代表其特征的组名。一般来说，分成 3 ～ 7 组较为标准。

3. 定义代表每个分组的用户形象

首先寻找每个组里最具有代表性的用户（角色创作原型），然后在该用户体验的基础上追加同组其他用户的体验。也就是说，综合组内各个成员，创造出一个"混合体"。

4. 为每个用户形象添加逼真的个人信息

制造出"混合体"之后，我们给他加上姓名、年龄等个人信息（都是杜撰的），也可以为他配上一张照片（也是杜撰的，示意图也可以）。但是，这些信息应尽量真实一些，传达出这个人貌似本来就存在的感觉。虽说这些个人信息最好不要千篇一律，但一般来说，商人的话大多都是 50 ～ 60 岁穿西装的男性，而营业员的话，就是穿制服的年轻女性比较多了。一个被设计得很好的角色，其他人看到了应该也会信以为真。

○ 主角

一个项目可以产生 3 ～ 7 个角色，虽说和接受访谈的 20 ～ 30 人相比已经精炼很多了，但设计团队若是想满足所有角色的要求，势必会产生混乱，因为经常会发生角色 A 和角色 B 的要求刚好相反的情况。

因此就有必要为每个角色配以相应的优先权。优先权最高的角色称为主角，其他角色称为配角。设计团队应该把满足主角的要求作为目标开发产品，配角的要求和主角相比就不那么重要了。甚至有的项目还为非目标用户设计了反面角色。

角色的优先权因项目而异。比如，各角色刚好和细分市场一致，那么市场价值最大的那个当然就是主角。再比如，项目的标准如果是"谁都能使用"，那么拥有技能水平最低的角色自然就是主角了。

	主角	配角	配角	综合判定
要求 1	○	○	○	○
要求 2	○	×	×	○
要求 3	×	○	○	×
要求 4	—	○	○	○
……				

原则上是要考虑所有用户的需求。在这个基础上，如果用户需求相矛盾（需要追求平衡），则可以优先考虑主角的需求。绝不是只实现主角的需求

■ 主角的职责

● 让人拿捏不准的临时角色

角色可分为两大类，其一为基于数据的角色，其二为不基于数据的角色。后者在欧美经常被称为 Ad-Hoc Personas、Assumption Personas 或 Fake Personas。因为汉语里还没有固定的翻译，这里我们暂且称其为临时角色。

其实不仅在欧美，在中国使用这种临时角色的情况也在逐渐增加。然而，角色和临时角色的差别好比螃蟹和蟹肉棒的差别，最好把它们当成两个完全不同的概念。

○ 临时角色存在的问题

角色是假想的用户，但绝不是虚构的用户。假想是基于事实的设想（当然不是事实），而虚构则不是基于事实的想象。

作为开发流程里开发要求的基础，角色承担着评测开发要求是否妥当的重要职责。比如，敏捷开发里就是通过角色来得出用户故事，继而决定其优先顺序的。若这种重大的决策是基于虚构的信息做出的话，会带来相当大的风险。

因此，我不会向客户推荐临时角色。因为一旦使用了临时角色，就往往会陷入"与其说没有起到作用，还不如说带来了危害"的困境。

○ 临时角色的用途

但我还是会使用临时角色，这可能会让大家觉得我有点自相矛盾，

我一般是在以下情况下使用。

1. 作为构造角色的前期步骤

大家可能不太清楚的一点是，在创建角色时也必须创建临时角色。如果不先把手头上已有的数据搜集在一起，把假设的用户形象确定下来，也就无法建立调查计划。

2. 要十分了解实际情况

如果已经对用户的实际情况非常了解，那就没有必要做调查了。假设我要开发一款协助调查用户体验的应用，那么就没有必要对 20 位 HCD 领域的专家做访谈了，只要从名片夹里抽出一些名片，就可以以此创建用户形象了。

3. 作为讲座的题材

在召开如何使用角色进行研究的相关讲座时，如果事先做用户调查，无论从时间上还是从成本上都不合算。通常，我会事先准备 3 个左右的虚拟角色。这里不会有任何问题，因为该讲座讲的是"如何使用"，而不是"如何创建"角色。

○ 临时角色是否真的具有实用性

一直以来，我们都要花上 2 ~ 3 个月来创建以数据为依据的角色，这和敏捷开发里推出一版产品的时间大致相同，也等同于从零开始设计，直到可以作为产品投入市场的时间段（这段时间很长）。光是创建角色就需要 2 ~ 3 个月，这也只能发生在瀑布型的开发模式中。

因此很多人更倾向于认同这种观念，即在敏捷开发中使用由数据创建的角色不具有可操作性。考虑到实际情况，临时角色更适用于敏捷开发。确实，敏捷 UCD 领域的先驱 Jeff Patton 也提出了一种叫作 Pragmatic Personas 的临时角色，并获得了广泛的支持，但他同时也在名为 Agile Outside the Code 的资料里写下了如下注意事项：

想了解用户究竟知道什么不知道什么，可以使用轻量级的角色。对不知道的内容需要做一些轻量级调查补充上。

我并没有当面和 Jeff 讨论过，也有可能误解了他的意思。我认为他要表达的是，推荐那些坚信"只有临时角色就足够了"的人至少真正创建一次临时角色。所谓"真正"是指，至少反复问自己 5 次"为什么"。大多数情况下，问了两次"为什么"就会发现自己已经陷入了进退两难的境地。我自己也是每次在创建临时角色时，都会有"啊！怎么还不明白"的痛苦。

● **什么是敏捷型角色**

（正规）角色还是临时角色？必须要二选一时应该选择哪个？这样的讨论没什么意义。Anders Ramsay 也从其他角度尖锐地指出了这个问题，那就是"在敏捷开发模式下，与实际用户接触的机会有很多"。

瀑布型开发模式中，一般在结束用户调查后（至少到原型出来前）就不会再与用户接触了，因此一开始就必须调查足够数量的用户。

另一方面，在敏捷开发模式下，如果遵循开发理论的话，通过真实客户参与、短期回顾等方式，平时就可以定期接触到用户。另外，每三个月推出一次新版本后，应该还能获取第一手用户反馈资料。因此，它不需要和瀑布型开发模式一样在开发初期就决定是全部调查还是全部不调查。

敏捷开发模式下，应尽量使用增量和迭代的方法创建角色。当下已明确的内容应立即做可视化处理，并与大家共享。不明白的地方，大家一起做调查。

调查后掌握的内容也应随时做可视化处理，并与大家共享。

也就是说，只要做到在最初的冲刺阶段使用临时角色，在开发过程中持续做用户调查，并基于数据慢慢完善角色就可以了。

也许有人会提出反对意见："角色对决策的制定关系重大，如果在开发过程中频繁变化，不会有问题吗？"当然，角色发生了变化也就意味着项目的重要因素发生了变化，这在瀑布型开发模式里势必会带来混乱。然而，敏捷开发模式本来就在适应变化方面有卓越的表现，因此对角色变化带来的影响无需过于担心。

综上所述，"临时角色更适用于敏捷开发"这个观念完全是错误的。正确的说法应该是：正因为是敏捷开发模式，所以依据数据创建的角色才更加适用。

▶ | 第 **3** 章

原型

3.1 什么是原型

原型（Prototype）经常被翻译成试制品。然而，在以用户为中心的设计里，原型所扮演的角色与传统的试制品还有很大不同。

3.1.1 原型的作用

以建造房子为例。木匠、瓦匠们先把建筑工地上堆积如山的砖瓦、木材、水泥进行加工组合，把房屋整体的框架搭起来。然后，再搭建房梁，建造墙壁。最后进行室内装修，安装电气。

实验模型

然而，事实上在施工前，还会先由建筑师设计一份图纸，然后用厚纸或泡沫板制做出微型模型。这种建筑模型，一方面用来验证设计是否合理，另一方面也用来向客户展示（最近比较常用的是电脑制作的 3D 模拟视图），引导他们提出更为具体的需求。

制作模型的好处是可以灵活地应对设计中的错误以及客户提出的新需求。如果是在施工之后，突然发现设计中存在问题，或者客户突然提出希望增加一个房间等情况，那么无论是成本还是完工时间，都会比原先要提高很多。如果这种情况发生几次，房子估计也就建不成了。

其实，不止建筑师会在设计的过程中制作这种模型，飞机设计师、汽车设计师等但凡与产品制造有关的人员，都会制作模型以提高设计的精确度。

试用品

原型到底是什么？从前面建房子的例子来看，原型并不是指"已经搭建了框架的房子"，而是指那些用厚纸板或泡沫板做成的模型。原型并不是为了完成产品生成的中间产物，而是设计师用来检验设计是否合理的材料。无论是房子还是用户界面，如果等到真正施工时才发现错误，就为时已晚了。

因此，我认为与其把 Prototype 翻译为试制品，还不如翻译为试用品更合适。试制品经常会被人们理解成"制作者试着做做看"的意思，而在以用户为中心的设计里，原型是为了"让用户试着用一下"才被制作出来的。

建筑师用厚纸板或泡沫板来制作
建筑模型

3.1.2 高保真和低保真

根据对实物界面忠实程度（保真度）的不同，原型可划分为高保真（High-fidelity）和低保真（Low-fidelity）两类。几乎完全按照实物来制作就是高保真，反之，粗枝大叶地制作就是低保真。

当然，制作高保真的原型无论是时间还是成本都会很高。一般情况下我们推荐制作低保真的原型，但也并不意味着要把所有部分都做得粗枝大叶。

对于原型而言，如果和测试直接关联的部分不是高保真（至少不能是低保真），那就起不到任何作用。比如说，建筑师制作的房屋模型要能表现出平面空间的布局，而为风洞试验制作的飞机模型也必须能真正地产生浮力。

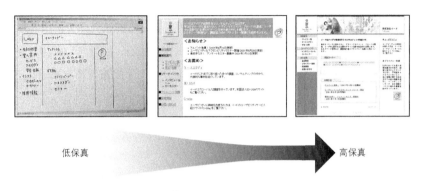

▍低保真和高保真

以此类推，如果是为了比较并讨论外形设计方案而制作原型，就必须用高品质的制图工具使外形和实物基本一致。又比如，如果是为了检验在线商城购物车功能的原型，就必须完全模拟购物步骤之间的跳转和出错时的提示。

原型并不是整体都是粗制滥造，而是为了达到目的，在满足最低需要的前提下以最少的资源来制作。如果能降低与测试无关部分的保真度，那么时间和成本就都可以节约了。

3.1.3 T 原型

制作网站的原型时，一般不使用任何装饰性的图形元素，只使用线条和文本链接。从外形上看，这种原型保真度较低。制作手机的原型时，通常不会制作出实物，而是在电脑上模拟。这种不是通过实际按键，而是通过鼠标键盘来操作的"手机"，从输入和输出的角度来看，保真度也较低。

然而，即使不考虑外观和输入输出的保真度，如果要把网站的所有页面都制作一遍，时间和成本仍然会很高。这里向大家介绍两种只需要制作一部分页面的方法：水平原型和垂直原型。

　　水平原型就是只需要制作网站首页和第一层链接页面的原型。虽然用户可以看到首页里所有的菜单，并且可以自由地选择任何功能，但实际上被选择的功能是不能用的。这种原型也可以称为浅式原型[①]。

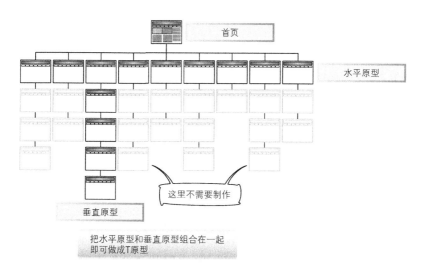

首页

水平原型

这里不需要制作

垂直原型

把水平原型和垂直原型组合在一起
即可做成T原型

▌T 原型

　　垂直原型是只具备某一项功能的原型。比如说某网站只支持用户注册。用户虽然不能搜索和购买商品，却可以实际体验注册功能。这种原型也可称为深式原型[②]。

　　如果只具备水平、垂直两种模型的其中之一，则与实际的用户体验相差甚远。水平原型最多算是界面的样本，如果采用垂直原型，用户根本没有选择的余地。但如果合二为一，就能形成一个可以让用户试用的原型了。像这样广度和深度兼备的原型就是 T 原型。

---

① 英文为 Shallow Prototype。——译者注
② 英文为 Deep Prototype。——译者注

3.1.4　奥兹国的魔法师

T 原型里需要着重制作的部分，必须要达到能够让用户完成操作的水平。如果是静态页面，准备好首页和静态链接页面就足够了。但如果是动态页面，只有这些可不行。

以会员注册为例，必须要模拟"在注册表单里输入必填的内容→提交注册表单→显示提交成功的页面→自动发送注册成功的邮件"这一过程。一般来说，即使规模不会很大，但也要开发一个软件系统。

但是，软件都是会带 bug 的，即使只做一个很简单的原型，也可能出现问题。如果陷入"测试为测试而开发的软件"这样不断循环的困境，开发团队马上就会进入疲态。

这时，如果稍稍花点心思，就可以不用做系统开发。就上例而言，如果事先确定好要输入的内容，就不需要显示动态数据了。因此，按下"提交"按钮后，即使显示的是事先准备好的提交成功的页面也没关系。另外，对于用户而言，如果负责测试的人能够把握好时机，使用普通的邮件系统手动发送的话，这与注册成功后系统自动发送邮件的效果是一样的。

再比如，制作自动售货机的原型时也可以先用纸箱子制作机体，然后让人钻进机器里去卖东西。里面的人听到用户的命令后手动输入指令，销售商品。对用户而言，就如同这台机器真的能够识别语音、销售商品一样。类似于这种让人躲在背后代替电脑做动作，但从用户的角度看上去好像是系统在运作的方法，就是所谓的"奥兹国的魔法师"[①]。

当然，这里并不是说可以模拟系统所有的操作。但只要肯花心思，制作原型所需的时间和金钱肯定可以大幅缩减。切记，一定不要钻"要让它动起来就一定需要开发系统"的牛角尖。

---

① 此典故来自《绿野仙踪》，这位所谓的魔法师并没有魔法，但他让稻草人发现自己有了会算数的脑子，让铁皮人发现自己有了健康的心脏，让狮子找回了自己的勇气。——译者注

3.2 原型的制作方法

3.2.1 制作工具

日常使用的软件工具也可以用来制作原型。比如，UI 设计师经常使用 Photoshop 等图形处理软件，网站开发人员会使用类似 Dreamweaver 等制作网站的工具。另外，像 PowerPoint 这样的商务软件也可以用来制作原型。

< 原型制作工具示例 >

- 纸
- 商务软件：Microsfot PowerPoint®/Excel®/Visio®
- 网站制作工具：Macromedia Dreamweaver®
- 图形处理软件：Adobe Photoshop®
- 多媒体制作工具：Macromedia Flash®/Director®
- 原型设计专业软件：esim Rapid PLUS®

纸质界面

在这些工具中，最简便的就是纸了。不熟悉电脑操作的团队成员也能用纸直接参与原型的制作。另外，与拥有华丽外表的原型相比，用户更容易从那些外表保真度较低的原型中挑出"刺儿"。

虽然可以画出这种纸质原型中的所有元素，但如果打印出一些界面的缩略图，制作一些类似选择框和下拉菜单的小工具的话，就可以让原型的制作更加有效率。

在纸质模型的测试中，让用户用手指点击链接和按钮，在每个项目中用铅笔直接写入数据。需要计算购物车里添加的商品总额时，可以直接使用计算器来计算。

大部分纸质原型外观上都不好看，因此有人担心是否能拿来做评测。然而，当真正进行测试时就会发现，用户是会用这种纸质界面的，只不过

偶尔不知道该如何操作菜单，会出现操作错误，也会因为产品不具备某种
功能表示不满。

也可通过手绘制作原型

用户用手指代替鼠标点击　　　　　　　　　　由工作人员代替系统向用户提示下一个界面

▌纸质原型

无形的原型

口头原型和原本的原型的目的不同。

　　采用完全想象的原型，即实验人员向用户口头描述一个可能的界面，
并且在用户一步步地执行任务实例的时候，提出一连串"如果（界面这样
或那样），你将怎样"的问题。这种言语原型技术被人们称为未来剧情模
拟 [Cordingley 1989])，与其说它是一种原型，还不如说它是一种访谈或
自由讨论方法。（引自杰柯柏·尼尔森的《可用性工程》[①])

————————————

① 刘正捷等译，机械工业出版社，2004 年 9 月出版。

实际上，在设计某竞拍网站的初期，我也用口头原型评测过商业模式的有效性。虽说口头原型并不能用来测试界面切换等产品的可用性，但确实可以让用户了解在线拍卖时应该如何投标。

如上所述，原型的本质与所用工具的优劣没有关系。只要能够做出可达成设计团队目标的最低限度的界面，随便什么工具都可以拿来制作原型。

3.2.2　制作的重点

除了纸质原型之外，让用户可以进行实际点击链接和按钮等操作的原型比较多。比如制作"点击用户注册图标→显示用户守则→点击同意用户守则的按钮→切换到输入用户信息的页面→输入个人信息……"这样一系列连贯操作下让用户实际体验的原型。

为了达到上述效果，可以使用网站制作工具制作以文本链接为主的原型，或者使用图形处理软件的图片映射功能让用户可以点击菜单和图标。

不要忘记做假的页面

制作这种以点击操作为主的原型时，最重要的是"要让所有的链接和按钮都可以点击"。在 T 原型中即使有十个菜单，实际可用的可能也只有几个而已。即便如此，只有这几个可用的菜单能够点击也是不行的。因为这样一来，用户在测试时不用多想，只要移动鼠标，单击光标状态改变的图标就能达到目的了。

其实这个问题解决起来很简单，不必准备点击后要切换到的页面，只需统一使用一个假页面就可以了。在这个假页面里设置一个"目前该页面不可用，请返回上一页"的文本消息。最后，在所有未具备功能的菜单链接里，把这个假页面的地址放进去，就万事大吉了。

只要准备一个这样的假页面，就可以让用户"犯错"了。用户为了完成任务，必须在十个菜单内选择一个自己认为最合适的，一旦选择错误，就会显示假页面，用户也就明白自己出错了。

本页面尚未制作。
请点击按钮返回。

返回

如果准备了假页面，所有的链接都可以
设置成可点击状态

▊假页面

▊ 需要具有高保真度的元素

如上所述，并不是所有部分都可以应付了事的。如果希望用户执行任务并从中发现问题，就必须高仿那些影响用户判断的元素。

比如，在某个分类里有 IT 的标签，也有"电脑"的标签，用户在看到后联想的内容肯定大有不同。又比如，某个项目在制作原型时，菜单是用文本表示的，但最终产品里却全部换成了图标，那么当初为什么要做原型进行测试，就让人费解了。

以下列出的各个元素，如果保真度很低，原型测试就无法得出准确的结果。

- 界面切换（顺序、数量）
- 界面元素相互的位置关系
- 文本链接的内容及按钮上的文字内容
- 在界面中显示的指示性文字内容
- 需要输入的数据项目及格式
- 操作相关的图标设计

当然，如果等这些元素都确定之后再设计原型那就晚了。但是，至少要让原型如实地反映设计团队得出的结论。如果是随便制作的界面，那么即使发现了问题，恐怕也找不出当初为何会做出这种设计，因此，反复犯同样的错误也就不足为奇了。

根据某些依据得出的结论，如果这些结论在测试中被否定，也就能知道是依据的内容出了错。之后，设计团队就不会再次使用该依据，也就不会再犯同一错误了。

保真度较低也无妨的元素

另一方面，从原则上讲，原型中的内容是没有任何价值的。举例来说，新闻网站里即使没有显示"最新的新闻"也没有关系，甚至显示的是假新闻也可以。在有些情况下，只显示标题，没有任何内容也是没问题的，因为新闻的质量和网站的产品可用性是没有任何关系的。

另外，要善于"欺骗"用户。比如，要弹出对话框或消息框时，只需事先准备一个在页面上叠加了对话框的界面，直接切换过去就可以了。当然，因为制作的是固定的界面，那个对话框是不能拖动的，但乍一看，仿佛就是在原界面上弹出了一个对话框。在评测原型时，很多情况下系统相关的动作只需要做到"看上去是那么回事"就可以了。

而且，所谓的原型并不是要求所有部分都是原型。比如要更改已有的部分系统功能时，只需要把此次更改的部分做成原型就可以了。用户先使用能够正常工作的部分，当操作到此次更改的部分时，就会切换成原型进行操作。这种原型被称为混合型原型[1]。

3.2.3 由谁来制作

是否一定要做出完美的原型

一般情况下，设计团队会委托界面设计师或程序员设计原型。这些人都追求完美，虽说是制作原型，但也会努力做到最好。一旦这些精心制作

---

[1] 英文为 Hybrid。——译者注

的原型在测试中被否定，就好像他们自己被否定了一样。

结果，这些设计师或程序员对测试中发现的问题就会百般狡辩。"这种下拉式的导航栏模式是设计团队开会决定的，可不是我（程序员）一个人的责任""之前根本没讨论过发送按钮的位置，你们现在只怪我（界面设计师）不太合适吧"，等等。

当然，这些都是毫无意义的争论。在测试中发现问题本来是一件再正常不过的事情。而且，早期原型中存在的问题数不胜数也是理所当然的。此时，设计团队不应该在"谁该负责任"这件事情上浪费时间，而应该把精力集中在"如何解决"上。这些狡辩和争论带来的负面影响会随着项目的推进不断加深，久而久之会给团队带来分裂的危险。

制作原型所需的技能

设计师和程序员掌握的技能不一定适用于制作原型。绝大多数原型制作并不需要多高深的艺术素养或专业的程序设计技术。而深入理解用户需求，测试设计所需的逻辑能力，不局限于已有概念的发散思维能力，这些才是设计师更需要掌握的。

这些能力与职业无关，也并不要求一个人同时具备所有的能力。因此，制作原型时应该让设计团队的全体成员都参与进来。然而，所谓全员参与并不是把需要制作的页面分配给每个人，让他们分别制作，而是团队整体经过反复讨论，从理论上把界面的细节确定下来，在实际编写 HTML 代码、设计脚本时，可以让界面设计师或程序员代劳。

如果是纸制原型，那就没有必要任命制作负责人了，因为设计团队的成员聚在一起，一边讨论一边就能把原型制作出来。此时，程序员不过是其中一员，界面设计师虽说会因为善于设计图形而在其中发挥较大的作用，但也不至于因负责按钮的设计，就觉得要承担整个原型制作的责任了。

专栏：用 PPT 来制作原型

众所周知，PowerPoint 是一个演示软件。正因为它是一个在会议中用于向听众演示演讲内容的软件，所以大家可能会认为用它来制作界面不适合。其实，只要做些调整，它还是可以制作出让用户可操作的原型的。

●可交互的连环画

演示 PPT 时，通过鼠标点击可以切换幻灯片，让它按顺序播放。这个过程称为幻灯片播放。但在某种程度上，这个过程类似于银行 ATM 机及办公自动化系统的界面切换。

另外，这与使用软件安装向导时的用户体验也很相似。整个过程除了偶尔需要点击鼠标外，其他过程就像看连环画一样直到软件安装完成。虽说大部分软件和网站上的操作要更为复杂，但在这过程中界面一直按某一顺序切换，这与播放幻灯片是一致的。

其实 PowerPoint 和软件系统最大的区别是，播放幻灯片时只能按照从标题页面到结束页面的顺序播放，而在操作软件系统时，可以选择分支或退回到上一步。

但是，从用户的角度来看，只要能够显示应该出现的界面就可以了，至于软件中究竟做了怎样的处理，用户并不关心（正因如此，纸质原型才有意义）。

在 PowerPoint 中可以对幻灯片上的文本、图形等对象设置超链接，而且，超链接的目标地址可以设置为其他的幻灯片。因此，利用这个功能，可以在点击按钮时直接切换到对应的幻灯片。这样就实现了包括分支选择、退回上一步在内的复杂界面变更。

另外，使用自选图形工具也可以实现类似图像映射的界面。先选中自选图形中的矩形或圆形，在图片上拖放。然后，给这些矩形或圆形设定超链接。最后，设置这些自选图形的格式为"无色透明"，就实现了图像映射。

在标准设定下，显示幻灯片时只需点击鼠标就会切换界面。此时，只要取消动画菜单中"换片方式"→"单击鼠标时"前的选择框，就可以设置成只在点击链接和按钮时才会切换了（在 PowerPoint 2007 的情况下）。

●非常适合嵌入式应用

用 PPT 来制作原型有很多优点。

- 任何人都能用。如果是 Photoshop 或 Dreamweaver，只有设计师或 Web 设计人员才会用。但如果是 PPT，就不会受限于工种和职位，人人可用。即使是软件工程师，大多数也是"虽说不怎么用 Word，但 PPT 还是会用的"。

- 可以设置幻灯片母版。一般 PPT 的母版是用来放置公司的 logo 的。但制作原型时，可以把界面上相同的部分（比如导航栏）制作成母版。这样一来，在需要改变相同部分的时候，就没有必要修改所有的页面了。

- 拥有丰富的多媒体功能。PPT 既可制作简单的动画，又可以内嵌 GIF 动画和视频。使用这种功能，就能很方便地制作动态页面了。

- 可以控制幻灯片的切换时间。比如，可以满足"错误信息持续显示 5 秒"后再切换界面。另外，可以自动播放动画或视频，并在播放完毕的同时切换到下一个界面。

以上都是使用 PPT 制作原型的好处，当然，它肯定有局限性，其中最大的问题就是不能制作带滚动条的页面。因为 PPT 原本是用来制作幻灯片的软件，上下切换幻灯片的概念是不存在的。因此，一般不会用 PPT 来制作网站的原型。

我觉得 PPT 的应用方向应该是嵌入式应用、软件安装向导等界面设计，类似银行的 ATM 机、车站的自动售票机、办公自动化的操作面板、计算机配件的安装向导等。在开发这些项目时，如果灵活使用 PPT，一定能够制作出优秀的原型。

3.3 卡片分类法

与其说卡片分类法是一种用户界面设计的方法，不如说它是一种信息设计方法。而且，在实际的项目开发中，用户界面设计团队经常需要设计信息结构，因此，本书把卡片分类法作为制作原型的方法之一介绍给大家。

3.3.1 层次结构的设计

亚马逊网络书店把所有书籍按中文书、进口书、Kindle 电子书等分成三类，而且，还细分了每个大类，比如中文书下有文学、少儿、科技等 13 个小类。

并不是只有网站才会有这样的层次结构，复印机、手机、DVD 刻录机等设备的用户界面都有类似的层次结构。如果不使用这样的层次结构，而是将所有的功能和信息无序地呈现在用户面前，用户一定会不知所措。

然而，在划分层次结构时往往会遇到问题，因为设计团队内部对分类并未达成一致。比如，网络书店里有关用户界面设计的书籍应该放在哪一分类下比较合适呢？计算机与互联网/网站设计与网页开发还是艺术/建筑/设计？

此时，卡片分类法（Card Sorting）就能大显身手了。虽说这是一种让用户对写有信息的卡片进行分类的"低技术含量"的方法，但对于深陷争论的设计团队来说，无异于给了他们一道光明。

卡片分类法有封闭式（Closed）和开放式（Open）两种。

让用户将写有信息的卡片
进行分类

▎卡片分类法

3.3.2　封闭式卡片分类法

封闭式卡片分类法也称为"带有目录的卡片分类法"。分类名称已差不多决定了，想要评测它们的有效性，或者想研究具体素材会如何归类时，就可以使用封闭式卡片分类法了。

▎**封闭式卡片分类法的步骤**

首先，将产品一览、公司简介等目录名称记录在带有颜色的卡片（或者便贴）里，贴在白板上。然后，把具体素材的名称和简介记录在白色的卡片里，接着把这些白色的卡片交给用户，请他们按自己的理解贴在对应的种类下面。此时，在用户贴卡片时，应该问他们为何要放在该种类下面。

如果不明白目录名称是什么意思，用户会马上提出来。如果某个目录下贴的都是与设计团队预想的完全不一样的素材，设计团队也会马上发现。另外，如果存在两个很难区分的种类，用户就会很困惑，不知道该把素材放在哪个目录下面。

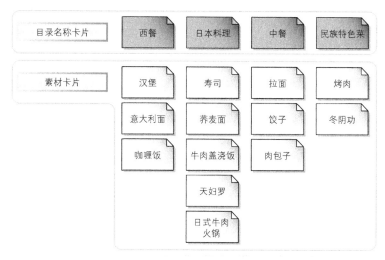

请用户把素材卡片归类到各目录名称下

▌封闭式卡片分类法

写有素材名称的卡片的移动轨迹也是非常重要的数据。如果分类名称差不多决定了，那么大部分的素材应该马上就可以找到自己的归属。但是，考虑半天也不知道该往哪个分类下放的，和那些放在某个分类下，但马上又觉得不合适，再移动到别的分类下的情况肯定时有发生。

如果直到最后都未能决定放在哪个分类下，说明很有可能现有的分类并不能覆盖所有信息种类。之所以改变分类归属，是因为本该相对独立的两个分类仍存在某种关联。

通过统计多个用户的分类结果，哪些卡片总是被放在同一个分类下，哪些卡片会被分散在多个分类下就一目了然了。接着，综合分析这些数据后，就可以尝试调整分类名，构造出多个分类是如何交叉链接到同一个素材的关系图了。

另外，上面虽然提到应该"在用户分类时提问"，但实际上，用户的动作一般都比较快，如果强行提问，经常会打断用户的操作。而且，对用户而言，如果被多次询问"为什么会觉得公司结构应该包含在公司信息这一分类里"这种的问题，他们会觉得很烦。这时，与其强行提问，还不如等用户操作结束后再提问。

也可以在线调查

封闭式卡片分类法也可以通过网络问卷的方式进行。网络调查不能分类卡片，因此改为回答问卷的方式。表格的首行填入各分类名称，表格的首列填入各素材名称，然后请用户为每个素材选择他认为最合适的分类名称。

然而，网络问卷的方式由于不能看到用户试错的过程，因此与测试相比价值减半。要对经过了反复验证后确定的分类名称做最终确认时，才适用网络问卷的方式。

3.3.3　开放式卡片分类法

开放式卡片分类法也称为"不带目录的卡片分类法"。在还未确定目录名称的状态下，请用户把写有素材名称的卡片自由分组。接着，在完成所有卡片的分类后，再请用户为每个组起名字。该分类法的目的就是通过这一连贯的操作，获取确切的与信息结构相关的灵感。

封闭式卡片分类法主要用于评测及改善设计团队的创意，与此相比，开放式卡片分类法更具有探索性。封闭式卡片分类法中，很容易得到量化的数据（比如，哪些卡片被分配到了什么分类下，分配了几次），但在开放式的卡片分类法中，不同的用户、分组方式及对组名的命名方式也不相同。开放式卡片分类法虽然以用户的言行等定性分析为中心，但也存在某种程度上的定量分析。

聚类分析

在开放式卡片分类法中，聚类分析法比较具有代表性。聚类分析法是一种使用距离矩阵（即差别矩阵）把样本按空间距离从近到远的顺序相结合，从而产生聚类的多变量分析方法（要进行聚类分析法必须使用统计软件）。

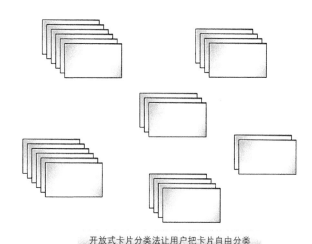

开放式卡片分类法让用户把卡片自由分类

▌开放式卡片分类法

聚类分析后就能做出表示数据层次结构的树形图了，外观和网站地图相似。这种树形图不仅客观，而且一目了然，十分方便，但实际上它并不是直接使用聚类分析产生的结果。

聚类分析法本来不是特定的分析方法，它是最短距离法、群组平均法[1]、Ward 法等计算逻辑的总称。采用的方法不同，结果也大不相同。

另外，信息结构本来就是必须让人能看懂的，但聚类分析法是基于距离矩阵这类纯数据生成的层次结构，因此得出的聚类结果经常会出现严重的偏差或意义不明。

因此，分析人员会将使用多个方法产生的结果进行比较，从中选择最靠谱的那个。即便如此，直接使用分析结果的情况也比较少，往往还需要进一步调整。综上我们可知，比较后产生的结果深受分析人员的主观影响，

---

① 英文为 Group Average Method。——译者注

绝对称不上客观。

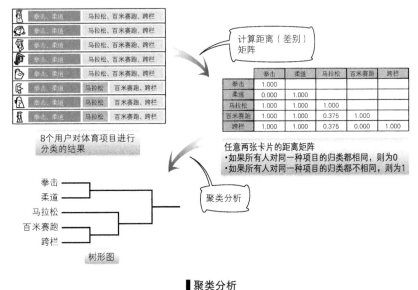

8个用户对体育项目进行
分类的结果

任意两张卡片的距离矩阵
·如果所有人对同一种项目的归类都相同，则为0
·如果所有人对同一种项目的归类都不相同，则为1

▌聚类分析

分类合并

还有一种合并用户取的分类名的分析方法。把含义相同的分类名称合并，就更容易统计出结果了。

比如，某用户把有关商品的素材归类后命名为产品信息，其他用户可能命名为 Lineup 或者 Product，假设认定这几个名字的含义是相同的。像这样合并具有相同意义的分类名，也能在很大程度上减少数据基数。

然而很明显，这种方法会依赖合并分类的分析人员的主观意志。因此，分析人员不同，结果也不同。但与聚类分析法相比，该方法并不需要使用特别的软件，因此经常作为实际操作性较强的一种简易的方法被使用（即使是聚类分析法也并不是完全客观的）。

3.3.4 Delphi 卡片分类法

通过开发式卡片分类法确实可以得到信息设计方面的重要启示，但并不意味着其结果可以直接用来完成网站地图的设计。这种卡片分类法得到的结果，最多只能作为信息设计师研究信息结构时的线索。

通过反复实施开发式和封闭式的卡片分类法达到逐渐提高成果精确程度的目的，确实是比较理想的方法。然而，它既费时又费钱，因此有人认为它并不实用。这里我们向大家介绍一种新的分析法，这种分析法由我本人首创，融入了 Delphi 的卡片分类法，我把它称为 Delphi 卡片分类法（Delphi Card Sorting）。

什么是 Delphi 法

Delphi 法是针对技术预测、趋势预测等定量预测难以实施的问题，通过反复收集专家的意见和反馈，把结果控制在一定范围内，从而达到提高预测准确度的方法。

该方法由美国知名智库兰德公司开发，起初是用于军事目的，但现在已被广泛应用于从企业经营到公共政策的各个领域中。在 IT 领域也常被用来预估软件开发成本。

Delphi 法的基本流程如下所示。

1. 选择若干专家，请他们分别说出对某议题的想法。
2. 统计 1 的结果后反馈给各专家。
3. 请各专家根据统计结果再次给出意见。
4. 反复进行 1～3。

也就是说，虽然刚开始时会出现各种各样的意见，但在看到别人的回答后会修正自己的部分意见，因此会逐渐把结果归结到一定范围内。

把 Delphi 法应用在卡片分类法时，步骤如下。

1. 首先制作构造信息的原型（种子）。

2. 请多位参与调查的人分别按照自己的意愿在原型上修改。

3. 在结果限定在一定范围内之前持续进行步骤 1 ～ 2。

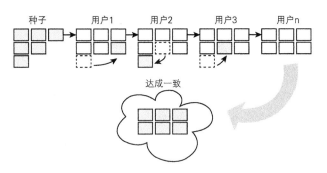

▌Delphi 卡片分类法的步骤

▌Delphi 卡片分类法的优点

首先，开放式卡片分类法需要用户归类几十张甚至上百张的卡片，即耗时又耗费精力。而 Delphi 卡片分类法因为一开始就有种子，所以可以大幅减少参与人员的工作量。

另外，采用开放式分类法时经常会出现千奇百怪的分析结果，但采用 Delphi 法时，由于大多数参与人员更倾向于小范围内的调整，因此更容易缩小范围。然而，在这个过程中，种子产生的影响实在太大，因此应尽量安排经验丰富的信息设计师来设计种子。

虽说 Delphi 卡片分类法是以参与调查人员（实际的用户）的参加为前提的，但也可以作为团队内部的讨论工具。专家们总会存在意见上的分歧，此时若使用该方法，让大家按顺序在网站地图上加入自己的想法，就会迅速达成统一意见。

第 **4** 章

产品可用性评价方法

4.1 什么是评价

4.1.1 总结性评价和形成性评价

在学校里，对学习成果的检测可以分为总结性评价（Summative Evaluation）和形成性评价（Formative Evaluation）两大类。

▌期末测验和小测验

总结性评价是指检测对学习成果的综合掌握程度。总结性评价和学校里的期末测验一样，在结束一段时间的学习后进行，用分数表示成绩，然后进一步分析得分状况，算出成绩分布、平均成绩等。

形成性评价是在某学习阶段进行的，是收集学生的理解程度，以及为了让学生理解应如何改进教学等反馈信息的一种方法。课堂后的小测验或者小论文等都属于形成性评价。形成性评价的目的不是打分，而是为了改善。

优秀的老师会在掌握了每个学生的弱点后进行有针对性的指导

学习成果会在期末测验成绩上体现出来

▌总结性评价和形成性评价

如果总结性评价的结果很差，就必须要重新学习一次相同内容的知识

（比如留级）。虽然在需要排名或者选拔时，总结性评价是一种很好的方法，但对以提高能力为根本目的的教育而言意义并不大。

形成性评价更重要

产品可用性的评价也可以分为总结性评价和形成性评价。

比较典型的产品可用性总结性评价方法是性能测试法。安排几十个用户使用界面，检验他们的目标达成率、所需时间以及主观满意度等。评价结果一般以"目标达成率：55%""平均达成时间：5 分 30 秒""主观满意度（5 分制）：2.8 分"的打分形式呈现。

比较典型的产品可用性形成性评价法是发声思考法。一般安排 5 ～ 6 名用户一边"把正在想的内容说出来"，一边使用用户界面。因为参与人数较少，所以计算满意程度、达成率等指标的平均值是没有意义的。评价结果大多是具体的内容，比如，因为提交按钮和重置按钮是并排放在一起的，所以经常会点错等。

原则上来讲，总结性评价一般是在设计前和设计后使用，形成性评价会在产品设计的过程中反复使用。然而，有些产品经理会认为，如果没能得出具体的测试数据就不算真正做过测试，于是，他们会用低保真的原型来测试目标的达成时间。另一方面，有的设计师抱着"如果还有预算的话，最好做一下评价"的想法，会计划对下个月即将公开的网站做发声思考的用户测试。

在评价产品可用性时，请先扪心自问，目前的界面设计到底是处于即将开始，还是进行中，或者是已经结束的阶段。如果能回答这个问题，那么到底应该使用何种方法评价，自然也就明了了。

另外还有一个原则必须牢记，那就是"如果只做了总结性评价，那肯定是完全无效的投资"。虽然知道在性能测试中目标达成率大约是 50%，但却不知道为什么另外半数的用户未能达到目标。即使知道主观满意度很低，但也无法得知究竟是哪部分的用户体验不好。

不做形成性评价，只做总结性评价，就和"什么也没学就来参加期末考试"一样，结果一定不好，而且从中也不会得到任何改善方案。总结性评价应该是在做了很多努力之后，为了更好的掌握成果而采取的评价方法。

4.1.2 分析法和实验法

产品可用性评价方法也可以分为分析法（Analytic Method）和实验法（Empirical Method）两种。

分析法也被称为专家评审（Expert Review），是一种让产品可用性工程师及用户界面设计师等专家基于自身的专业知识和经验进行评价的一种方法。

另一方面，实验法收集货真价实的用户使用数据，比较典型的是用户测试法，但问卷调查等方法也属于此类。

也可以认为分析法和实验法的区别就是用户是否参与其中。

分析法的优点

在比较总结性评价和形成性评价时，设计团队认为形成性评价比较重要，但分析法和实验法却难以分出高下。从某种程度而言，分析法和实验法是一种互补关系。

分析法	实验法
主观	客观
评价结果是假设的	评价结果是"事实"
时间少、费用小	时间长、花费大
评价范围较广	评价范围较窄
设计初期也可评价	为了做评价，必须准备原型

▌分析法和实验法的特点

比如，在只有规范说明书和界面流程图的设计初期阶段，实验法是不可能用来做评价的。即使让用户看规范说明书，也不会得到任何评价结果。因此，只剩下让专业的产品可用性工程师来评价（分析法）这一种选择了。

另外，一般来讲，在设计用户测试时，最好先进行简单的分析法评价，整理出用户测试时应该要评价的重点和需要重点观察的部分。仓促、粗糙的用户测试并不能带来任何有效的评价结果。

而且，与实验法相比，分析法还有一个优点，那就是时间和费用的消耗较小。如果请用户专门来做一次 1～2 小时的用户测试，当然需要报销交通费、给予劳务费。而且，总不能强硬地对用户说"你明天过来一趟"吧。因此，从实验准备阶段到最终结束，要花上几天时间。与此相反，如果使用分析法，只要评价人员的时间和体力没有问题，当天就可以得出评价结果。

分析法的缺点

这种分析方法对于在各种制约条件下推进项目的设计团队而言，可谓是一大利器。然而，分析法中也存在很大的缺点，即通过分析法得到的结果，是分析者本人的假设或观点。

比如，可能会出现虽然某产品可用性工程师在做完分析法评价后提交了报告，但该界面的设计人员仍然坚持己见的情况。因为分析法并不是基于数据的评价，所以在意见不一致时，并不能够提出支持自己意见的有力证据。因此，被指出的产品可用性问题到底是不是个问题，有时并不能够得出最终结论。若不能指出具体问题，更无法讨论寻找解决方案。

如果单纯依赖分析法，设计团队可能会陷入无休止的争论中，甚至会使团队内部形成想法上完全对立的两派。为了尽快结束这种毫无意义的争论，此时就必须引进实验法了。

4.2 产品可用性检验

可用性检验（Usability Inspection）是指，专家根据自身的知识见解，参照用户界面设计的指导手册进行界面评价的分析方法的总称。其中最著名的是启发式评估法（Heuristic Evaluation）。

4.2.1 启发式评估法

分析法是评价人员基于自身的专业知识及经验进行评价的一种方法。然而，评价标准是一个很模糊的概念。极端地讲，评价人员很可能会给人一种"我就是标准"的感觉。因此，为了让评价具备客观性，就出现了各种各样的指导手册。

然而，要想制作一份可以罗列所有界面种类的指导手册也不现实。而且，现有的一些针对特定界面的指导手册里列出的检查项目有时也有数百项之多，且不同的手册也可能存在相互矛盾的地方。所以，这种包罗一切的指导手册，即使存在，也未必好用。

因此，杰柯柏·尼尔森博士在分析了很多产品可用性问题后，提炼出了隐藏在背后的产品可用性原则，这些原则称为启发式评估十原则（10 Heuristics）。Heuristic 有经验法则的含义。也就是说，启发式评估十原则是可以广泛应用于各种各样的用户界面设计中的"一般法则"。

启发式评估法就是基于这个十原则，寻找评价目标界面中是否存在违反规则的情况的方法。

4.2.2 启发式评估十原则

尼尔森博士倡导的启发式评估十原则的内容如下。

系统状态的可视性

　　系统状态的可视性（Visibility of system status）原则是指系统必须在一定的时间内做出适当的反馈，必须把现在正在执行的内容通知给用户。

　　这个规则要求把系统的状态反馈给用户。而且，这种反馈必须做到迅速且内容合适。

　　（例）

- Windows 的沙漏图标
- 收发数据时显示状态的进度条
- 网页里的导航控件

如果显示了进度条，用户就能知道目前操作进展到什么程度了

▎系统状态的反馈

系统和现实的协调

　　系统和现实的协调（Match between system and the real world）原则是指系统不应该使用指向系统的语言，必须使用用户很熟悉的词汇、句子来和用户对话。必须遵循现实中用户的习惯，用自然且符合逻辑的顺序来把系统信息反馈给用户。

　　这个规则要求不能使用专业术语和公司内部术语，而应该使用用户的日常用语进行交互。不仅是词汇，信息展示的方式等也应该以现实为基准。

　　（例）

- Mac 和 Windows 系统里的"垃圾箱"
- 在线商店的"购物车"
- 向左的箭头为"返回"，向右的箭头为"前进"
- 中文网站里尽量使用中文标签

‹ Goooooooooogle ›
上一页　　1 2 3 4 5 6 7 8 9 10　　下一页

左边为"上一页"、右边为"下一页"的用法和实际生活中读书一样。
图示为Google的搜索结果

▎以现实为基准显示信息

用户操控与自由程度

　　用户操控与自由程度（User control and freedom）原则是指用户经常会因为误解了功能的含义而做出错误的操作，为了让他们从这种状态中尽快解脱，必须有非常明确的"紧急出口"。因此，就出现了"取消（Undo）"和"再运行（Redo）"的功能。

　　这个规则要求不应该给用户一种被计算机操控的感觉。因此，必须提供任何时候都能从当前状态跳出来的出口，保证能够及时取消或再运行执行过的操作。

　　（例）

- 网站的所有网页里都有能够跳转到首页的链接
- 浏览器的返回按钮绝对不可以是无效状态
- Flash 的开始页面里一定要有"跳过"按钮
- 网页的宽度和字体大小一定要可调
- 图片以缩放形式显示时，一定要做成点击后即可放大的效果

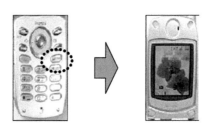

无论手机当前是什么界面，只要按下挂断电话的按钮，就能退回到待机界面

▌提供明确的紧急出口

一贯性和标准化

　　一贯性和标准化（Consistency and standards）原则是指不应该让用户出现不同的词语、状况、行为是否意味着相同的意思这样的疑问。一般应该

遵循平台的惯例。

这个规则要求保证用户在相同的操作下得到相同结果。如果是这种界面，即使是第一次使用，用户也不会感到混乱，而且很容易上手。因此，应该遵循标准（Windows 程序标准、网站标准等）。

（例）

● 同一网站内，网页设计的风格应该统一
● 指向网页的链接文本应该与该网页的标题一致
● 未访问与已访问链接的颜色要加以区分，以便识别

佳能、理光、富士施乐、爱普生四家办公设备制造商正在
相互整合用户界面的设计风格

▌统一用户界面设计风格的推动活动

▌防止错误

防止错误（Error prevention）原则是指能一开始就防止错误发生的这种防患于未然的设计要比适当的错误消息更重要。

这个规则要求相比完善错误发生后的应对方案，更应该做的是预防出错。另外，在执行会带来重大影响的操作前，应该先弹出确认对话框，让用户再次确认是否执行该操作。

（例）

- 设置默认值
- 不轻易删除页面或更改 URL
- 在表单中的必填项前加上标记，使其更醒目
- 文字输入要支持半角和全角，转换工作放到系统侧进行

▌防止错误

识别好过回忆

识别好过回忆（Recognition rather than recal）原则是指要把对象、动作、选项等可视化，使用户无需回忆，一看就懂。尽量不要让用户从当前对话切换到别的会话时还必须要记住某些信息。应该让使用系统的说明可视化，且任何时候都能轻易地被调用。

这个规则要求尽量减少用户记忆负担。与其让用户回忆某些信息，不如让他们选择系统提示的信息更为简单。因此，应该尽量向用户提示选项，让他们从中选择。

（例）

- 弹出的帮助窗口
- 链接文本使用短语而非单个词语

- 购物车里不只显示商品编号或略称，还要显示完整的商品名、数量、金额等信息
- 自动发送确认下单的邮件

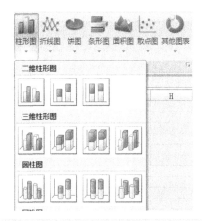

使用Excel的图形向导，只要选择图形的种类就能制作图形了

▌将选项可视化

灵活性和效率

加速器功能（初次接触的用户看不到该功能）可以提高有经验的用户的使用速度。这样的功能可以同时满足初学者和老用户双方的需求。灵活性和效率（Flexibility and efficiency of use）原则是指用户频繁使用的操作要能够单独调整。

这个规则要求提供快捷键及定制化服务。同一个界面不可能满足所有用户的需求，因此默认提供最简单的界面，通过其他途径向高级用户提供其他服务，这样就可以满足更多的用户需求。

（例）
- 浏览器的书签功能
- 设置键盘上的快捷键

- 中文输入系统里记住单词的功能
- 搜索引擎的高级搜索选项（布尔运算符）。

Google设置了专门的页面显示搜索选项。
输入运算符也可以进行高级搜索

▎提供选项

简洁美观的设计

简洁美观的设计（Aesthetic and minimalist design）原则是指在用户对话中，应该尽量不要包含不相关及几乎用不到的信息。多余的信息和相关信息是一种竞争关系，因此应该相对减少需要视觉确认的内容。

这个规则要求别在界面里放入太多的无用信息，给用户带来视觉上的负担或使他们产生混乱。然而，并不是说界面应该越简单越好，而是应该做到简洁美观。

（例）

- 在相关信息中提供文中链接和文末链接
- 网页里加上标题，页面左右及行间留白
- 不使用纯文本，配上能够补充说明的图
- 设计网页大小时，要使其在 10 秒内就能刷新出来

▌简单而美观的设计

帮助用户认知、判断及修复错误

帮助用户认知、判断及修复错误（Help users recognize、diagnose、recover from errors）原则是指使用通俗的语句表示错误信息（而不是显示错误码），明确指出问题，并提出建设性的解决方案。

这个规则要求错误信息并不只是告诉用户系统出错了，而应该做到使用户可以靠它来解决出现的问题。另外，出错信息中绝对不要出现指责用户的语句。

（例）

- 不应该简单地显示 404 错误，而应该一同显示定制的出错页面
- 因输入错误导致的错误，除了显示出错信息外，还应该在输错的项目前加上标记，使之更加醒目
- 出现拼写错误时，应提示正确的候选项（例：Word 和 Google 的拼写检查）

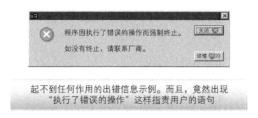

很差劲的出错信息示例

帮助文档及用户手册

　　系统若能做到在没有用户手册的帮助下也可以使用的话是最好了，但还是有必要提供帮助文档和用户手册，这就是帮助文档和用户手册原则（Help and documentation）。这样的信息应该简洁、容易找到，且能针对用户当前的操作提示具体执行的步骤。

　　这个规则要求在设计无需查看用户手册也能使用的系统的基础上，还应该提供帮助文档和用户手册。帮助文档里应该配备目录和搜索功能，用户手册应该尽量简洁。

　　（例）

- 配备 FAQ 页面
- 不只是介绍功能，还应该配上使用的步骤
- 除了文字，还需要配上示意图及界面截图
- 用户的等级（初级～高级等）和目的（引进～应用等）不同，用户手册也不相同

专栏：用户界面设计的铁则

　　用户界面设计的原理、规则等并不是尼尔森博士的专利，其他还有施耐德曼博士倡导的《经典用户界面交互设计黄金 8 法则》（*Eight Golden Rules of Interface Design*）和 IBM 发表的《设计原则》（*Design principles*）。国际标准《ISO 9241 Part-10：对话原则》（*Dialogue principles*）也是同类专著。

● **施耐德曼博士的八项黄金法则**

① 力求一致性

② 允许频繁使用快捷键

③ 提供明确的反馈

④ 在对话中提供阶段性的成果反馈

⑤ 使错误的处理简单化

⑥ 允许可逆操作

⑦ 用户应掌握控制权

⑧ 减轻用户记忆负担

● **IBM 的设计原则**

① 简单：不可因过度追求功能而牺牲产品的易用性

② 支持：让用户控制系统，并积极协助

③ 熟悉：基于用户已知内容做设计

④ 直观：对象及操作要做到直观、易懂

⑤ 安心：能够预测处理的结果，且操作可回退

⑥ 满意：可以在使用过程中感觉到进步和成就

⑦ 可用：总是做到所有对象可用

⑧ 安全：尽量不让用户在使用过程中遇到麻烦

⑨ 灵活：提供可替换的对话途径

⑩ 个性定制：提供用户定制功能

⑪ 相似：通过使用优秀的视觉设计使对象看上去和实物一样

● **ISO 9241 Part-10：对话原则**

① 适宜操作

② 自动说明

③ 可控

④ 迎合用户期待

⑤ 容错

⑥ 适宜个性化

⑦ 适宜学习

4.2.3 启发式评估法的实施步骤

在理解了启发式评估十原则的基础上，我们就可以按照如下步骤实施了。

STEP 1：招募评价人员

实施启发式评估法需要招募一些评价人员，只有一个人评价的话会漏掉很多问题。尼尔森博士认为，一个人评价大约只能发现 35% 的问题，因此大概需要 5 人、或至少也要 3 人才能得到稳妥的结果。

能够胜任评价启发式评估职位的人，一般是产品可用性工程师和用户界面设计师。产品可用性工程师可以从最贴近用户的视角出发来评价产品，而用户界面设计师可以从实现技术的角度来进行评价。比如，评价网站时，如果请到网站设计师的话，连最详细的 HTML 和 Script 代码的编码也可以得到评价。

但是，界面的设计师本人是不适合评价该界面的。一方面是因为设计师本人不可能客观评价自己倾注了心血实现的产品。另一方面，即使做到了客观理智的评价，如果发现了问题，也会马上对产品进行修改，而不是反馈。在需要设计师进行评价时，最好还是请公司内其他设计团队的成员来做比较合适。

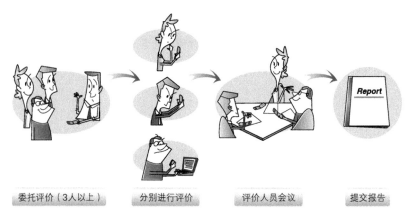

委托评价（3人以上）　　　分别进行评价　　　评价人员会议　　　提交报告

▍启发式评估法的实施步骤

STEP 2：制定评价计划

与用户测试等实验方法相比，启发式评估法可以评价界面中的大部分内容。尽管如此，评价产品的所有功能或者大型网站的整体内容还是比较困难的。启发式评估法的优点之一就是不会耗费太多的时间和精力，但如果过度追求完美，就会使启发式评估法变得一无是处。因此，通常需要事先定好要评价界面的哪些部分。

另外，也要定好是依据哪个原则进行评价。当然，鼻祖肯定是尼尔森的启发式评估十原则了，但使用"施耐德曼博士的黄金8法则"和"ISO 9241：对话原则"在实际业务应用上也没有问题。可如果每个评价人员都是根据自身喜好选择评价法则，评价的基准就不一致。因此，需要事先商定到底使用哪种设计原则来实施评价。甚至也可以根据不同的评价目的，追加可访问性的相关指导手册。

尽管大家希望评价尽可能多的界面，但是不可以为每位评价人员分配不同的评价部分。如果评价部分不同，招募评价人员这件事就失去意义了。为了提高评价的准确性，每个界面都应该从不同视角进行评价。

STEP 3：实施评价

启发式评估法并不是协商性质的评价方法，评价人员都是单独进行评价的，而原则上禁止评价人员互相讨论。启发式评估法的基准虽然是事先统一的，但是实施方法会根据评价人员的经验和技能稍有出入，一旦经过协商，这种特色就很难发挥出来了。而且，一般的评价人员都会受到"有权威"的评价人员的影响，这就会丧失从多个视角进行评价的机会。

具体的评价方法由评价人员自己决定。以网站为例，既可以从首页开始，按层次依序访问，也可以假定几个任务，然后在执行任务的过程中发现问题。另外，也有在输入项里输入一些异常值，或者改变使用环境（界面分辨率、网络速度、不同的浏览器等）等方法。

序号	界面	问题	评价
1	所有界面	由于固定了界面的宽度，因此当分辨率设置到 SVGA（800×600）以下时，就会出现横向的滚动栏	用户控制与自由程度
2	站内搜索	当使用商品名称搜索时，排在前面的都是广告，真正的商品信息链接很难找到	系统与现实的协调
3	商品信息页面	使用了带下划线的蓝色字体表示强调，但与文本链接的表现方式相混淆了	一致性和标准化

▌问题列表的示例

尼尔森博士推荐对界面进行两次评价。第一次检查界面的流程是否正常，第二次详细检查各界面是否存在问题。

如上所述，用各种方式评价界面，同时把发现的问题整理成列表。问题列表里记录了能够定位问题发生位置的信息（界面名称或者界面编号）、具体的问题内容以及评价的基准等信息。

然而，启发式评估不应花费太多时间，因为设计团队急于知晓评价结果。一般来说，2～3 天内即可完成单独的评价。就我个人的经验而言，对于网站一个小时评价一个页面，对于手机一个小时评价一个任务的话，大致就可以在预定时间内完成评价。

STEP 4：召开评价人员会议

当所有评价人员都完成了各自的评价后，要集中开个会。评价人员的会议一般需要半天时间（3～4 小时），因此在制定评价计划时，就应该确保在评价人员各自评价结束后的第二天或第三天召开会议的时间。

首先请评价人员代表汇报评价结果，其他评价人员一边听报告，一边随时就自己是否也发现了相同的问题，或发现了其他问题等发言。以网站为例，从首页开始，按层次依序往下对页面进行评价的方式比较常见。手机或其他家电一般都直接评价整个任务。

评价人员会议并不只是口头阐述，在会场上使用投影仪等设备把界面显示出来会更有效果和效率。

另外，虽然可以自由提问，但一般不会出现否定其他评价人员的情况。

因为每位评价人员都是专家，而且都是以明确的基准进行评价的，所以得出的评价结果基本不会有问题（但是，这种问题在实际操作中是否真的会发生那就是另一个话题了。因为基于分析法得出的评价结果，都只是假设而已）。

再者，召开评价人员会议的目的并不是为了统计到底有多少人指出了同一问题。经常会出现三人中只有一人发现了某界面中存在的严重的问题，另一个界面的严重问题则由另一个评价人员发现的情况。

启发式评估法的一个优点就是，通过"单独评价→评价人员之间的讨论"两层过滤方式，可以发现单独一人不能发现的跨度较大的问题。

STEP 5：总结评价结果

在拿到了所有评价结果后，再根据评价人员会议的讨论记录来总结评价结果。基本上只要把各评价人员的问题列表整合起来就可以了，但是由于同一个问题存在不同的表达方式，或者在讨论的过程中改变了问题的表达方式等情况，因此需要评价人员的代表适当地进行编辑。

启发式评估法的成果就是"产品可用性问题列表"。但如果只单单给出列表，团队的其他成员理解起来会很困难，因此最好配上界面截图、界面流程图等形成简单的报告。另外，不能只看报告，应该进行集体讨论，当场商议问题的解决对策，这才是最有效率的做法。

4.2.4　启发式评估法的局限性

启发式评估法作为产品可用性工程学里具有代表性的方法被广泛使用，实际上也可以说产品可用性咨询公司的服务目录里一定会有启发式评估（或称为专家审查法）。

然而，启发式评估法并不是万能的（当然，其他评价方法也不是万能的）。

查出的问题过多

启发式评估法中存在的问题之一就是，查出的问题太多了。

启发式评估法是由多位专家基于自身的经验，从理论上对用户界面进行彻底的批判，因此势必会发现很多问题。也正由于这个原因，经常出现吹毛求疵的情况。

以我参与过的一个网站改版的项目为例。首先实施了由三位专家参与的启发式评估法，结果在首页就发现了 22 个问题。接着，以同一个项目为对象，又实施了有 10 位参与者的用户检验法，针对首页发现的问题共计 7 项。两次评价方法中发现的共同问题有 4 个。

启发式评估中发现的界面问题点甚至可以具体到"文风不统一，可替换的文本不完备"这种程度。其中，在检验现场，用户能遇到的问题是受限制的。而且，虽说是产品可用性工程师，也不能完全预见用户的思考方式和行为。

即便如此，在上面的例子中，用户实际使用时会遇到的问题还是有一大半（7 项中的 4 项）被专家们预测出来了，而且，剩余的 18 个问题也并不能说完全没有意义。如果让更多的用户，以达成更多的目的为目标来使用的话，很可能就能观察到这 18 项里的某些内容。

但是，设计师当然还是希望能够仅锁定重大问题点，如果总是目睹这种"看似"不靠谱的结果，说不定就会越来越不信任启发式评估法得出的结果。

实施成本

另一个问题是成本，这本应是启发式评估法的优势，但根据实施方法的不同，有时会发现成本意外地增长了不少。这虽然和作为评价对象的用户界面的规模有关，但一般来讲，为了实施启发式评估法，需要多名专家在限定的几天内进行作业。大致算的话，至少需要 10 人日（一人工作 10 天）的开销。

如果评价是由同一公司的人员来做，靠公司的固定人力成本就能维持。如果公司内的专业人才不够，就只能委托外面的专家了。10 人日的专家费至少需要几十万日元，通常在 100 万日元左右。这样的高成本，小规模的项目根本负担不起。

因此，要对启发式评估做进一步简化，由一名或两名专家进行简单审查，这种做法有时也被称为启发式评估。

另外，启发法是用户界面设计的原理和原则，但一般人并不能辨别。前面讲到的那种抽象的表现方式，如果作为设计团队的"官方语言"来使用将非常麻烦。因此，有时也不会明确指出作为判断依据的经验法则。

但是，这种不提供客观的判断依据，检验人员也只有一两位的评价，很可能会被指责"这些问题可能只是检验人员自己的想法"。

因为各种各样的制约因素导致不能进行正规的启发式评估，而改为简易的审查时，请务必留意以下几点内容。

- 不以个人偏好，而应以理论为依据进行评价。可以不拘泥于启发式评估原则，但必须明确评价遵照的依据
- 评价的目的不是单纯的挑错，更应该给出一些建议。设计师和检验人员平时应该充分沟通
- 当出现意见不一致时，与其把时间浪费在争论上，不如使用实验的方法得出正确的结论

专栏：认知过程走查法

启发式评估法是基于用户界面设计原理原则（启发）的一种检验方法。另外还存在一种基于人类的认知模式进行检验的方法——认知过程走查法（Cognitive Walkthrough）。

所谓走查是指戏剧排练时不穿戏服、不使用舞台设备，只是拿着剧本排练。对用户界面的走查也是根据剧本（界面流程图）进行分析的。此时，我们会基于用户认知模型之一的探索学习理论寻找问题。

探索学习是指事先不阅读用户手册，也不接受培训，在使用的过程中学习使用方法。比如，大人在使用自动贩卖机和 ATM 时，一般都是"探索学习"。另外，在换新手机后，大多数用户也是通过"探索学习"来

掌握新手机的使用方法的。

探索学习包含四个步骤。

1. 设定目标：设定用户要达成什么目的（即任务或子任务）。
2. 探索：用户在用户界面里探索究竟该做什么操作。
3. 选择：用户为了达到目的，选择他认为最合适的操作。
4. 评价：用户分析操作后系统的反馈，判断任务是否正常进行。

用户通过反复探索、选择、评价达成目的。如果目的是子任务，通过反复进行上述 1 ~ 4 的步骤来达成最终的任务。

● **认知过程走查的准备**

要顺利实施认知过程走查，首先要做的就是定义"用户的技能和经验"。用户的知识和熟练程度不同，探索学习的结果也会大不相同。例如，让一个只接触过 Windows 和 Mac 的 GUI 界面的用户使用 UNIX 的命令行窗口，他一定不知该如何是好。

接着需要定义"任务"。对一个功能单一的产品而言，可能只存在几个任务。但若评价对象是一款最新的智能手机，也许就会存在数量庞大的评价任务。当然，评价所有的任务不太划算，因此有必要按照重要性和项目的目的对任务做一次提炼。

最后定义执行这些任务的"操作步骤"和"界面"。一般来说都会做成一份界面流程图，但也有只列举操作步骤和描述简单的界面构架的情况。另外，也存在制作纸质原型及 PPT 原型进行评价的情况。

● **认知过程走查法的分析步骤**

准备好检验对象（界面流程图等）就可以开始分析了。认知过程走查法会对任务执行过程中的每一个步骤进行小心谨慎地分析。此时，通过让评价人员回答以下四个问题，就可以发现导致用户混乱或使用户产生误解的地方。

问题 1：用户是否知道自己要做什么？
问题 2：用户在探索用户界面的过程中是否注意到操作方法？

问题 3：用户是否把自己的目的和正确的操作方法关联到一起了？

问题 4：用户能否从系统的反馈中判断出任务是否在顺利进行？

也并不是必须要回答这四个问题。情况不同，这些问题的有效性也会发生变化。请把这四个问题当作评价人员能否深入探索用户界面的切入点。

● **认知过程走查法的分析示例**

这里，我们介绍一个简单的分析示例。评价对象是手机，任务是呼叫转移。

不知大家是否听说过 Mobile Centrex。这是一个可以把手机当作公司内线电话来使用的服务。但是，如果把手机当作公司内线电话来使用，一些平时不会用到的操作就变得十分重要。比如呼叫转移。把客户或者其他部门打过来的电话转接给上司或同事，这是常有的事，特别是营销部门，呼叫转移是一个非常重要的功能。

在拥有 Mobile Centrex 功能的手机上进行呼叫转移的操作步骤如下所示。

1. 用户在与客户通话中的状态下按 CLR 键。

　　→此时手机屏幕上显示"通话保持中"。

2. 用户拨出要转移的内线号码。

　　→此时手机屏幕上显示内线号码并发出拨号音。

3. 用户在与内线通话中的状态下按 HLD 键。

　　→转移操作完成并返回待机界面。

通话保持前　　　　通话保持中　　　　通话转移中　　　转移结束（待机界面）

▍**呼叫转移的操作步骤**

以下为使用认知过程走查法来分析该流程的过程。

	<问题 1 > 是否知道用户想要干什么?	<问题 2 > 用户探索界面能否发现使用方法?	<问题 3 > 用户能否将自己的目的和正确的操作方法联系在一起?	<问题 4 > 能否从系统的反馈中了解到用户的操作正在顺利进行?
STEP1: 用户和客户通话时按下 CLR 键	OK。呼叫转移的功能是最重要的需求,因此系统在运行前会有某种提示。这样,用户就会知道在终端可以进行呼叫转移	NG。大部分人都会在手机的菜单中进行各种各样的操作。因此用户不一定会想到使用按键,也可能想通过菜单来进行呼叫转移的操作	NG。假设想到了使用按键,用户恐怕也无法将 CLR 键和通话保持功能联系到一起	OK。按下 CLR 键后会显示"通话保持中"的消息,所以用户能够确定与客户的通话处于保持状态中
STEP2: 用户拨打转移目的地的公司内线号码	OK。如果是有使用固定电话(商务电话)经验的用户,会知道在通话保持时呼叫的是转移目的地的号码	NG。用户可能不会拨打内线号码的数字按键,而是从终端保存的号码簿中选择	NG。假设拨打了内线号码,用户也可能会接着按下"拨号"键	OK。因为拨打的号码会显示在屏幕上,等待音也会响起,所以用户能够确定正在呼叫转移目的地
STEP3: 用户在保持与公司内线通话的状态下按 HLD 键	OK。如果是有使用固定电话(商务电话)经验的用户,会知道要想结束呼叫转移需要进行某种操作	NG。用户也许会认为应该由转移目的地进行某种操作来结束呼叫转移,而非自己	NG。假设知道由自己进行操作结束呼叫转移,用户可能会按下 CLR 键,而非 HLD 键	NG。假设结束了呼叫转移,用户可能会因为没有反馈信息而认为是客户一方切断了通话,从而感到不安

▌认知走查法的分析示例表

通过这样的认知过程走查法,不仅可以详细地研究用户界面上存在的问题,也可以推测出用户可能会采取的操作,从而得到新的开发要求。认知过程走查法可以称得上是设计初期阶段一个非常有效的方法。另外,一般来说,设计师本人是不应作为评价人员的,但在认知过程走查法中,设计师从自身角度出发,客观地对设计进行二次研究,这也是可行的。

4.3 什么是用户测试

4.3.1 用户测试体验记

最近很流行一种会员制服务，即在网络上回答用户调查问卷，以此获取能够兑换的积分。东京的某白领惠子（26 岁，女性）也注册了这种类型的会员网站，并时不时回答一些问卷来赚些小钱。

有一次，该网站发来了一封通知参加网购相关访谈的邮件。由于是访谈的形式，因此必须要去现场，这让惠子有些犹豫。但邮件里通知的参加时间恰巧是下班后，而且允诺的报酬也非常有吸引力，最终惠子还是决定参加了。

通知邮件里标注的会场地址位于东京都内的某个办公大楼里。在前台简单登记后，惠子被带到一个候客厅。一直到访谈开始之前的这段时间，惠子一边喝着饮料，一边填写一些简单的用户问卷，在文件上署名、盖章等。

到了约定时间后，惠子被带到另外一间会议室。这间会议室里有一面由一整块玻璃构成的墙，并在会议室中间放了一台计算机。在一位二十多岁男性文员的指引下，惠子坐到了计算机前。整间会议室里只有惠子及另外两位文员。

首先，惠子在提问下回答了自己使用计算机的经历、平时访问网络的方式及网购的经验等情况。由于是首次一个人参加访谈，对方又是两个初次见面的男性，惠子一开始还是比较紧张的。但随着话题的展开，紧张的气氛也就慢慢消失了。

接着，惠子开始使用事先准备好的计算机，要在某购物网站上完成几项任务。虽说之前听过这个网站，但却是第一次使用，因此使用的过程中偶尔还是会遇到不知所措的情况。在调查文员的提示下，惠子总算完成了操作。整个过程中，调查文员详细询问了惠子正在考虑的或她想到的内容，但因为是在操作的过程中提问的，有时惠子也不知该如何回答。这种情况下，调查文员也会适当引导，让对话继续下去。

最后，就该网站的使用感想及希望，惠子做了简单的回答。此时，刚好到了预定结束的时间。在接受了报酬后，惠子小姐结束了此次访谈。

对于首次参加访谈的惠子而言，整个过程她都非常开心。但另一方面，因为在访谈中没能顺畅地使用购物网站，而且针对调查文员的提问，也没有完全做到灵活应对，因此惠子有些担心自己是否真正帮上了忙。但是调查文员在送惠子离开时却是满脸笑容，并十分感谢惠子"帮了大忙"。

有了这次经验，惠子决定如果今后还有类似的机会一定再次参加。

4.3.2　用户测试的概要

4.3.1 节介绍的就是参与了用户测试（User Testing）的用户的体验。有时，用户测试也会称为产品可用性测试（Usablity Testing）。

相信大家已经注意到了，和用户进行一对一访谈的文员正是产品可用性工程师，而镜子（单面透光玻璃）另一面的监听室里有团队的其他成员在观察整个访谈。而且，用户操作计算机时的界面和声音，全程都被录像了。这种有专业设备的会议室称为可用性实验室（Usability Lab）。

虽然参与访谈的用户可能是带着"好像没帮上忙"的担心回去了，但产品可用性工程师和监听室里的团队成员肯定发现了很多重要信息吧。

近年来在日本，类似的访谈越来越多。测试对象除了网站和手机之外，还涉及计算机软件、办公自动化设备、数字家电等领域的产品。虽说测试方法各异，但最基本的内容却是相同的。

1. 请用户使用产品来完成任务。
2. 观察并记录用户使用产品的整个过程。

用户测试是典型的实验型方法。与启发式评估等分析方法不同，实验型方法是基于真实的用户数据进行的评价，因此有足够的说服力。就像前文所述的使用产品可用性实验室进行的用户测试，会给设计团队"百闻不如一见"似的体验。

4.4 具有代表性的测试方法

4.4.1 发声思考法

用户测试是由用户参与评估的方法的总称。其中，4.3.1 节描述的方法称为发声思考法（Think Aloud Method）。

发声思考法的一大特点就是让用户一边说出心里想的内容一边操作。在操作过程中，用户如果能够说出"现在我是这样想的……""我觉得下面应该这样操作……""我觉得这样做比较好是因为……"等话，我们也就能够把握用户关注的是界面的哪个部分、他是怎么想的、又采取了怎样的操作等信息。

使用了发声思考法的用户测试，并不局限于发现用户"操作失败了""在操作过程中陷入了不知所措的困境"或者"非常不满意"等表象，而是一种能够弄清楚为什么会导致上述结果的非常有效的评估方法。

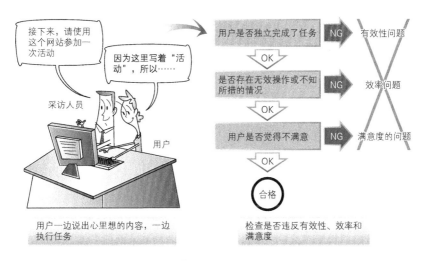

发声思考法

观察的重点

在观察用户一边发言一边操作时，请注意以下三点。

1. 首先观察用户是否独立完成了任务。若用户未能做到独立完成，可以认为该界面存在有效性问题。讲得严重点，这个界面根本不能用，属于非常严重的可用性问题。

2. 若用户能够独立完成任务，那么接下来需要关注的就是用户在达到目的的过程中，是否做了无效操作或遇到了不知所措的情况。如果需要用户反复考虑使用方法，或者做了很多无效操作，那么这个界面就存在效率问题。

3. 即使用户能够按照自己的方法独立完成任务，还有一点需要注意，那就是用户是否有不满的情绪。让用户用得不舒服的界面，可以认为存在满意度的问题。用户可能在执行过程中直接表达出不满，也可能从表情和态度上表现出不满。

很多人认为用户测试的目的在于发现产品中是否存在效率问题（即是否存在无效操作）。事实上，用户测试中发现的绝大多数问题的确是效率问题，但也许还隐藏有一些更为严重的有效性问题，在实施用户测试时请务必注意。

4.4.2　回顾法

发声思考法是让用户一边发言一边操作的方法，还有一种是让用户在完成操作后回答问题的方法，我们称之为回顾法（Retrospective Method）。

回顾法中无需用户做特殊的操作，因此可以在比较自然的状态下实施。而且，对用户的提问也是在操作完成后进行，因此不必担心提出的问题会给用户一些操作上的提示。正因如此，经验尚浅的采访人员也可以轻松实施回顾法用户测试。

回顾法是让用户在完成操作后回答问题的方法

▎回顾法

回顾法的缺点

然而，回顾法存在很多的缺点。

首先，很难回顾复杂的状况。比如，假设用户在操作过程中陷入了非常混乱的局面，最终未能完成任务。此时，即便问他"您觉得为什么没能完成呢?"也不会得到答案。如果用户能说得清楚原因，肯定就能完成任务了。用户不能完成任务是非常严重的可用性问题，但如果此时用回顾法，一般是找不到真正的原因的。

另外，在回顾法用户测试里，用户经常会在事后为自己的行为找借口。用户的确是本着顺利完成任务的打算开始进行操作的，但事实往往不尽人意。比如界面中出现含义不明的按钮、实际的操作步骤与预想的完全相反等，都会让人陷入沉思或不知所措。如果是发声思考法，用户会在遇到不知所措的情况时立即说出来，但如果是回顾法，用户常常会在事后自行分析自己的操作，在进行某种程度的总结后把信息反馈给采访人员。而且，你根本不能指望用户记住整个操作流程中的认知过程和自己的情绪变化。

而且，回顾法非常耗时。回忆操作过程时，单纯依靠记忆，不如给用户一些界面提示或者回放操作时的录像，这样可能更容易获得详尽的答案。

但如果用这种方法检验发现的所有问题，可能会耗费与执行任务相同甚至更多的时间。因此，回顾法测试中，回顾所需的时间可能会占总体的一半以上。

因为回顾法中限制比较多，所以专业的产品可用性工程师主要采用发声思考法。但是这也并不意味着完全不用回顾法。比如，某个特定背景下，如果在操作过程中向用户提问会对操作产生较大的影响，采访人员就应该避免中途介入，而在操作完成后使用回顾法补全想要的信息。

4.4.3 性能测试

发声思考法和回顾法都属于形成性评价。它们的目的都是把握具体的问题，弄清楚问题的原因，最终改善用户界面。

然而，有一些项目我们必须将其数值化。比如，某网上商城进行了一次大规模的改版，改版后的效果可以通过购物车取消率的下降来表示。又比如开发一种方便操作的手机，可以通过中老年人使用该产品的任务完成率和完成时间这些数据表示。

以收集这种定量数据为目的的代表性方法就是性能测试（Performance Measurement）。

测试项目

性能测试主要对产品可用性三要素（有效性、效率、满意度）的相关数据进行定量测试。

有效性可以用任务完成率来表示。"有几成的用户可以独立完成任务"是界面检验里最重要的一个性能指标。这里的任务完成是指用户正确地完成了任务。比如，虽然在某服装网站上成功下单了，但如果大小搞错了，就不能说完成了任务。或者用户不知道自己是否成功下单，这也不能说是完成了任务。

效率可以用任务完成时间来表示。一般来说，界面是为了让用户完成任务而设计的，因此能够在最短时间内让用户完成任务的界面才是优秀的界面。所以，需要检测用户完成任务花费的时间。但是，如果不加任何限制，用户可能花了一个小时只执行了一个简单的任务。因此，最好限制每个任务的时间，在限定时间内未能完成任务，就被当作任务未完成。另外，除了任务完成时间，有时也需要统计操作步骤数及鼠标点击数等数据。

满意度可以用主观评价来表示。任务完成后，可以就"难易程度""好感""是否有再次使用的意向"等问题向用户提问，并设置 5～10 个等级让用户选择。国外开发了很多类似 QUIS、SUMI、WAMMI 等的问题模板，不过绝大多数还没有中文版。而且很多都要收费，并且需要申请使用许可。因此，通常我们都是在之前的满意程度调查问卷的基础上稍加修改后，用来检测满意度的（问题模板可以参照本节的专栏）。

测试方法

发声思考法和回顾法这样的用户测试通常都是一对一的形式，但性能测试由于参与人员较多，因此经常以集体测试的形式进行。用隔板等工具将测试会场简单划分后，每次有 5～10 人进行测试。每 1～2 名用户配备一位监督者（可以让兼职的大学生担任）指定测试内容、确认完成任务、检测任务完成时间等。

参与测试的用户需要 20 人以上。虽说性能测试就是从测试数据中算出比例和平均值，但如果 5 人中有 3 人最终完成了任务，也不能草率地得出"任务完成率是 60%"的结论。另外，即使计算出了这 5 个人任务完成时间的平均值，可信程度也不会很高，根本不能用来说明什么问题。数据统计处理较多的心理学实验里，一般也至少会收集 20～30 人的数据。而且，所谓 20 人是指目标用户的人数，因此，整体而言需要 40～60 人。

另外，原则上讲，一次性能测试会测试多个用户界面。如果只测试一个用户界面，那么即使最终得到了任务完成率和平均完成时间，这些数值表示的含义是好是坏，并没有一个标准。通过对比竞争产品，比较多套方案，或者对比改版前后的数据，就能进行客观评价了（在让每个用户使用多个界面时，使用的顺序应该不相同，这可以避免使用顺序带来的影响）。

性能测试经常以集体测试的形式进行

▎**性能测试**

▎ **性能测试的缺点**

　　一般向有市场调查经验的人介绍性能测试的方法时，他们都会表现出极大的兴趣。这是因为，和区区几位用户参加的定性分析的发声思考法相比，有几十位参加人员且能得出各种各样数值化指标的性能测试更像正经的调查。因此，有调查专家（但不是产品可用性方面的专家）参与的设计团队，大多会把性能测试作为用户测试写进项目计划里。

　　但是，设计团队可能会认为性能测试起不到什么作用。因为即使设计团队能够理解任务完成率只有 50% 并不是好成绩，但由于不清楚用户究竟是因为什么没能完成任务，因此会感觉束手无策。用户满意程度的测试结果只有 2.5（满分为 5），但是因为不清楚是哪部分的用户体验让人感到不满，所以设计团队也只能推测"可能"比较差的地方。如果这种推测出错，设计团队就会做无用功。

那么，与性能测试并行收集定性数据，是否就能解决这个问题呢？比如说，在性能测试后也可以使用回顾法提问，事实上也的确有人这样做。然而，前面也讲过，回顾法里有若干限制，并不能确保一定可以得出设计团队所需的信息。

如果同时进行发声思考法呢？虽说发声思考法本身会对用户的行为产生一定影响，但是我认为，如果可以实施"理想状态下"的发声思考法应该是可行的。但是，在实际的操作过程中，只要采访人员不向用户提问，用户就不会主动说话，这种情况还是比较常见的。但如果提问了，用户可能会停下手上的动作进行说明，或者也可能会返回到上一个界面进行说明。这样一来，测试完成任务的时间就没有意义了。

更糟糕的是，即使可以在理想状态下的实施发声思考法，但事后分析这几十位参与人员的录像，又需要很长的时间。等分析完所有的数据可以向设计团队做反馈时，产品说不定都已经上市了。

性能测试适用的场景

性能测试属于总结性评价的范畴。原则上会安排在项目前后实施，目的是设置目标数值、把握目标的完成程度和改善程度。但这对于在短时间内反复改善，慢慢提高设计完成程度的反复型设计法而言并不适用（但某些大规模的项目里，也会在项目中期进行性能测试）。

另外，性能测试无论在时间还是在金钱上都可以说是"奢侈"的测试。实施一回性能测试的预算，可以进行多次发声思考法这种只需几个人参加的测试。请务必时刻谨记"形成性评价更为重要"。缺少发声思考法的性能测试没有任何意义。但如果这两种方法都实施，又需要很大的预算。

只要还未明确定量数据的必要性，就不应该实施性能测试。几乎所有的项目在时间和金钱上都是有限制的，因此没有必要把有限的资源浪费在定量数据的测试上。相反，反复进行发声思考法这种只需几个人参加的测试，可以更好地改善界面。

专栏：产品可用性问卷调查法

在需要定量把握产品可用性时，有效性可以用任务完成率来表示，效率可以用任务完成时间来表示，但满意度就需要准备一些主观问题来让用户回答了。类似这种主观意义上的提问，大多都是基于已有的顾客满意度调查表制作的，可信度更高的产品可用性专用调查表也在开发中。

● **欧美国家的调查表**

以下介绍欧美国家开发的调查表中具备代表性的几个示例。

• QUIS（Questionnaire for User Interaction Satisfaction）

　　这是美国马里兰大学本·施耐德曼（Ben Shneiderman）教授主导开发的一套调查表。除了"整体上的使用感受"外，还可以评价界面、用语及系统信息、学习等 11 项内容。

• SUMI（Software Usability Measurement Inventory）

　　这是由英国考克大学开发的一套调查表。提问 50 个问题，从好感度、效率性等 5 个方面分析使用软件的主观满意度。通过定义基准值比较评价结果。

• WAMMI（Website Analysis and MeasureMent Inventory）

　　这也是由英国考克大学开发的网站可用性专用的问卷。通过魅力度、操作性等 5 个标准来评价网站的可用性，接着再通过这 5 个类别的数据加上权重计算网站的综合可用性。和 SUMI 一样，WAMMI 也通过定义基准值比较最终结果。

　　以上的调查问卷都是收费的。

● **日本的调查表**

在日本也有专用的评价调查问卷。比较具有代表性的是 iid 公司和富士通公司共同开发的网站可用性评价量表（WUS，Web Usability evaluation Scale)。WUS 通过 21 项提问，再从提问中得出 7 项评价要素，以此评价网站的可用性。

WUS 评价要素"

- 操作的简易性

- 构成的简易性

- 视觉效果

- 反应速度

- 好感度

- 内容的可信度

- 是否有用

WUS 是根据日语网站的评价数据制作的，因此其中的提问及用语是适用于日本用户的。另外，问题精炼到 21 项，对用户不会造成太大的负担，且最终的总分计算也相对简单。这对掌握网站现状、分析竞争对手、改版后的效果评定等都非常有效。

● **使用调查表时的注意事项**

使用调查问卷进行的评价，除了在用户测试（主要是性能测试）中使用纸制调查问卷之外，还可以做成网页以在线问卷调查的方式进行。因为这些问卷中的提问都是经过精心设计的，因此评价对象的界面可用性特征也可以被精确地定量化。

但是，这也只是适合作为总结性评价而已，绝不是说它可以代替形成性评价。若是一心想通过问卷调查的形式改善界面，那可就大错特错了。使用调查问卷进行的评价，只应该作为用户测试的一种补充。

另外，原则上不应该改变问卷里的任何内容。这种专用问卷里的提问都是经过缜密设计的，甚至里面的遣词造句都经过了详细考量，只为达到整体的平衡。

如果任意追加自己想知道的问题，这些问题最终也不能反映到积分里。而且，加入未经周密考虑的提问，会降低评价的精确度。这也许会让大家觉得有些拘束，但是在使用产品可用性专用的调查问卷时，还是忠实原版比较好。

4.5 用户测试的基础理论

4.5.1 产品可用性的理论基础

使用了发声思考法的用户测试，一般都能发现很多潜在问题，这对界面的设计师肯定是巨大的打击。虽然他们会马上改善这些问题，但是肯定有不少人心里在想，这些产品可用性工程师是不是在鸡蛋里挑骨头啊？

用户测试的报告里确实会记录很多问题，虽然也会记录优点，但是从整体上看，大多数报告里缺点和优点的比例大概是 10∶1。因此，把用户测试说成"就是为了找出问题才进行的"并不为过。

因此，用户测试经常被批评为"鸡蛋里挑骨头的测试"。另外，也有不少设计师提出，比起发现的问题，我们更希望得到的是改善的方案。不得不说，这些都是对用户测试不中肯的批评和要求。事实上，用户测试是以反证为目的的测试。

什么是反证

想要用事实来证明产品可用性是一件非常困难的事情。那么，究竟需要多少人来完成哪些种类的任务才能证明这个用户界面具备了可用性呢？以我现在用的手机为例，主菜单里一共有 115 项功能。若想在开发过程中评价所有的功能，无论从时间上还是费用上，都是不可能的。

因此，首先假设该用户界面具备可用性。当然，我们也不是凭空来做假设，若是基于背景调查法和启发式评估法设计出来的界面，目前我们就可以假设它具备可用性，那么在理论上，用户应该可以使用该界面有效、高效且心情愉悦地完成任务。

为了证明这个假设，就需要让用户实际操作来验证一下（挑选其中的主要功能）。在这个过程中，可以使用发声思考法等方法进行详细分析。

如果发现了违反有效性、效率和满意度的问题，那就是该假设的"反证"。此时,该用户界面具备可用性的假设不成立。

我们也没有必要因为假设被推翻而觉得沮丧,因为用户测试本来就是一种积极寻找反证的过程,发现问题是理所应当的。而且,使用了发声思考法的测试不仅可以发现问题,还可以同时发现该问题产生的原因,因此设计团队马上就可以开始研究针对这些问题的解决方案。随着问题的解决,该假设就又成立了。

另一方面,如果无论怎样分析都没有发现问题,评价人员也就不能举出反证。当然,你可以找更多的用户实施更多的任务,这样一定可以发现问题,但是永远会有新问题也永远在改善,这个循环是不会停止的。因此,如果没找到反证,我们就认为假设成立,即该用户界面具备产品可用性。

测试前的准备

像这样基于反证的用户测试,如果没有假设是无法进行的。在未能掌握用户需求的情况下,事先也没有制作原型,甚至连启发式评估法也没有做过的界面,"具备可用性"这个假设也根本提不出来吧。

对这样的界面做用户测试是一定会发现问题的,甚至可能会发现根本无法解决的严重问题。这种情况下当然是重新设计比较好,但事实上往往只是解决一些表面问题(因为深层次的问题根本没有办法解决)就把产品推向市场了。也就是说,用户测试根本没有发挥作用。

对这种需要重做的界面做用户测试,完全就是资源浪费,因为在测试前要做很多准备工作。所以,如果想做用户测试,至少要先做出"值得反证"的界面。

4.5.2 用户测试的参与人数

关于参加测试的人数和可以发现的产品可用性问题数的关系,杰柯柏·尼尔森博士提出了一个公式,并提出了"有 5 人参加的用户测试,即可发现大多数(约 85%)的产品可用性问题"的学说。

$N(1-(1-L)^n)$

　　N：设计上存在的产品可用性问题的数量（因为是潜在的问题数量，所以这里只是一个假设的数值）

　　L：一人参加测试发现的问题数量占总体问题数量的比例（尼尔森博士提出的经验值是 0.31）

　　n：参加测试的用户人数

举例来讲，如果将 L=0.31、n=5 带入上面的公式，会得出 $0.8436N$。假设一个界面里潜在的问题数量是 100，那么有 5 人参与的用户测试就可以发现 84.36 个问题。

一直以来，产品可用性都是以大规模的实验为前提的学术性研究，而正是这个公式的出现，让产品可用性成为一个性价比很高的、可以大范围普及的测试。

大多数产品可用性工程师的经验是如果参与测试的用户少于三人，那么总是可以发现新问题，但如果参与测试的用户多于四人，就会发现用户很难发现新问题。当然，也有很多学者对尼尔森博士的学说持反对意见，但随着来自设计第一线的支持越来越多，已经形成了现在的标准做法，即参加测试的用户人数为 5～6 人，而不是几十人。

尼尔森公式的漏洞

但是，解决了 5 位用户发现的所有问题，真的就可以称该界面达到了 85 分吗？其实，尼尔森公式只是算出了发现问题的数量，而这些问题中，既有会造成用户难以完成任务的大问题，也有只会让用户稍感不满的小问题，该公式完全没有考虑反映问题品质（严重程度）的内容。

假设一个小测验有 20 道题，满分为 100 分，如果想要得到 85 分需要答对多少道题呢？如果每题的分值相同，答对 17 题即可。但如果各题的分值不同，就不知道需要答对多少题了，因为有可能最后一题的分值是 50 分。

另外，公式中 $1 - (1 - L)^n$ 的部分是绝对得不到 1 的。也就是说，无论进行多少次用户测试，也不可能解决所有的可用性问题。而且，未能发现的最后一个问题，说不定就是 Show Stopper（非常严重的问题）。

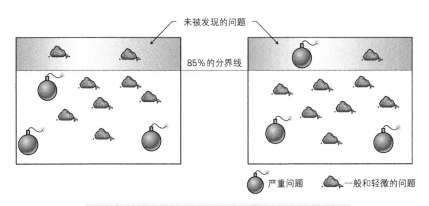

■尼尔森公式的漏洞

5 人参与测试的真正用意

众所周知，在软件开发中不可能解决所有 Bug，但并不是指没必要做测试了。同样的道理，虽然在用户界面的设计中不可能解决所有的产品可用性问题，但是测试还是非常有价值的。

尼尔森博士之所以推崇 5 人制的用户测试，是因为在当时，大多数设计师都觉得除了那些有充足的预算和时间的大型项目外，其他项目根本没有必要做测试。所以尼尔森博士才提出小规模的测试也能得出和大规模测试一样的结果（只有 5 人参与的测试也能发现大规模测试中得到的 85% 的问题数量）这个观点，并主张大家应该更积极地进行测试。

我们不应该在未能领会尼尔森博士意思的情况下乱用、错用他的公式。"只要进行一次 5 人制的测试，界面就能达到及格的程度"这种理解完全是错误的。另外，无论做多少次用户测试，产品的风险也不可能降到零，因此，设计团队绝不可以忽视测试结果，即使产品已经上市了，也应该虚心地接受用户的反馈。

 专栏：比较调查是失败的根源

　　市场部经常会通过比较竞争对手的产品来掌握本公司产品的优缺点（SWOT 分析），达到强化本公司产品竞争力的目的。在产品可用性工程学里，做性能测试时也会同时比较多个界面的数据，也存在和市场部类似的分析竞争产品的方法。但在使用发声思考法的用户测试中，原则上是不允许同时比较多个界面的。

比较缺点

　　假设 5 位用户在分别测试了三种界面（A、B、C）后，发现 A 有 40 个、B 有 60 个、C 有 30 个问题。若分析人员由此得出"因为 C 中发现的问题最少，所以它最优秀"的结论，大家可以接受吗？

　　被评价为最优秀的 C 中存在 30 个问题，和 B 相比，C 的问题是 B 的一半，所以 C 肯定比 B 好，但是你确定 C 的用户体验一定比 B 好吗？如果从用户的角度来看，这三个界面肯定都是个合格的。像这样通过用户测试比较多个界面，得到的只是"哪个界面相对较好"的结果。

　　而且，这里完全没有考虑问题的严重程度。一般而言，30 个问题里会包含 2 ~ 3 个严重问题。也就是说，实际上 C 也很可能只得 0 分（当然，A 和 B 也是 0 分）。

数据的信赖区间

　　尼尔森博士的"如果 5 个人参与测试，就可以发现 85% 的问题"学说现如今已经基本定论了，但并不意味着"肯定能发现 85% 的问题"。尼尔森博士自己提出的数据里也显示了 5 位用户能发现的问题数量占总数的 50% ~ 95%。实际上，85% 这个数字只是几种不同类型测试的平均值而已。

　　因此，B 发现的 60 个和 C 发现的 30 个问题，很有可能是 B 中发现了 95% 的问题，而 C 中只发现了 50% 的问题。也就是说，争论在用户测试中发现的问题数量是没有任何意义的。

使用了发声思考法的测试属于形成性评价，它的主要目的是发现具体问题和出现问题的原因，以此改善用户界面。当然，问题的数量也是评价界面完成程度的指标之一，但完全没有必要因为细微的数字变化而高兴或者沮丧。

无须知彼

假设这三个界面中，C 是本公司产品，A 和 B 是竞争对手的产品，那么 C 中发现的 30 个问题当然需要进一步进行研究和改善，但 A 和 B 中发现的问题却没有任何利用价值。相信不会有人把调查报告寄给竞争对手吧。

如果是营业部或者市场部的工作人员，一定会时刻关注竞争对手的动向。但在界面设计中，品质的标准不是由竞争对手而是用户决定的。以用户为中心的设计理念，并不是与竞争对手比较优劣，而是完全满足所有的用户需求。

正因如此，测试竞争对手的产品没有任何价值。应该把浪费在测试竞争对手产品上的测试经费，运用到本公司正在设计的界面上来。如果有测试 3 种界面的预算，就应该对自己的界面进行 3 次测试。

兵法讲"知己知彼，方能百战不殆"，但在界面设计领域，具有讽刺意味的是，从你开始分析竞争对手的产品起，就决定了你今后的败局。

4.6　用户测试的实践基础

4.6.1　招募

　　若是没有愿意协助测试的参与者（Subject/Participant），也就无法进行用户测试。召集参与者的过程也称为招募（Recruiting），当然，不是任何人都能参加招募的。首先，他必须是目标用户。其次，还必须满足符合此次测试目的的各项条件。除此之外，因为测试都是在特定日期进行的，所以必须要求能在当日到达测试现场。

　　为了寻找满足这些条件的人，一般都会委托调查公司对具有代表性的调查对象（注册会员）进行小规模的在线问卷调查。调查公司先请这些调查对象帮忙填写含有多个调查项目的问卷，然后从中选择尽量多的满足条件的人，并预约时间，最后会把名单送到寻找参与者的公司。

招募
像招聘广告一样把招募条件简洁地总结出来

4.6.2　设计测试

在用户测试中会让参与者完成某些作业。比如，在网上商城购买商品、使用会计软件做（税务）最后申报、使用手机下载音乐等，这些称为任务（Task）。任务的设计是可以左右用户测试成败的重要元素。

完成任务设计后，就需要制作访谈指南（Interview Guide）了。访谈指南里记录了参与者从进入会场开始到离开会场整个过程的操作流程、问题内容、委派任务的顺序、时间分配、采访人员应该说的话（对话脚本）等全部内容。另外，委派参与者执行任务时也需要告知他们一些必要信息，此时文字的说明要比口头传达更可靠、更确切，因此需要制作信息提示卡。

然而，无论事先做了多么详细的设计，实际执行时仍然会发生很多意外。当然，参与者做出意料之外的行为是可以理解的，但实际上在访谈指南和信息提示卡中发现问题的情况也不少见。因此，需要事先进行试点测试（Pilot Test）。

访谈指南
用户测试按照剧本进行。访谈指南里记载了与测试有关的所有内容

4.6.3 实际操作

真正测试时会使用可用性实验室（Usability Lab）。可用性实验室里有专业的设备，比如计算机、录像机、麦克风等。而在被单向透光玻璃隔开的观察室里，可以观察和记录参与者执行任务时的情况。

到了预约时间后，把参与者领到访谈室里，请他坐在指定的座位上。接着，简单地介绍一下此次测试的目的，然后和参与者签署录像同意书及保密协议（NDA，Non-Disclosure Agreement）。

测试时，首先进行事前访谈。之所以要做事前访谈，一般是为了建立和参与者的信任关系（Rapport），通过对话缓解紧张气氛，使参与者尽量以平常心来执行任务。

合同

签署录像同意书和保密协议

前台接待　　　　　　　　　　　　　　　　　　　访谈

奉上报酬，送客　　　　　　观察任务执行过程

实际操作当天的作业流程
实际操作当天，反复进行上图中前台接待到送客的过程

接着就进入观察参与者执行任务的阶段。在参与者执行任务的过程中，采访人员在一旁观察。若发现参与者停止说话的情况，可以通过提问的方

式（比如您现在在想什么呢？您原以为机器会有怎样的反应等）让参与者重新拾起话题。

任务执行结束后，要抓紧时间进行简单的事后采访。到了预定的结束时间，要尽快结束此次访谈，向参与者奉上酬劳后，送他出门。

4.6.4 分析与报告

实际操作结束后，需要重新观看测试时的录像并做记录。像这样记录了用户行为和发言的资料称为协议（Protocol）。心理学等领域实施的协议分析会细致到一个小动作甚至犹豫的时间，这些都会被记录下来。而用户测试中的协议分析并没有这么严格的要求。

记录完成后，需要仔细重读每个参与者的测试记录，挖掘其中的可用性问题。列出所有的问题并分类整理，判断问题的严重程度。

协议分析
把录像里用户的行为和发言记录下来后，再做详细分析

最后，将上述所有的信息整理后做成报告。若报告里通篇都是文字，读起来会非常痛苦，也不利于把用户测试中发现的问题完整、彻底地传达给设计团队。因此，应尽量搭配界面示意图和录像截图等，让报告一看即懂。

4.6.5　时间与费用

用户测试的日程安排一般在 4 个星期左右。

- 测试准备
  - ——招募：约两个星期
  - ——测试设计：约一个星期（※ 测试设计与招募同步进行）
- 实际操作：2～3 天
- 分析和报告：1～2 周

　　如上所述，用户测试从准备到结束都很花费时间和精力。若是等测试对象都准备好了才开始计划那就晚了。因此，要想灵活运用用户测试的成果，就需要从一开始就把用户测试纳入整个项目的计划里。

　　除此之外，用户测试所需的费用也绝不是小数目。费用基本上是由测试时间和参与者的人数决定的，但是招募的难易程度（比如难以招募到符合条件的用户）及使用的设备（比如眼球跟踪系统）等因素对费用的影响也很大。

　　在日本，使用正规的实验室对 10 个人做 1 个半小时的测试，且全权委托调查公司来操作，大约需要 300 万日元（约 18 万人民币）。

4.7 推荐 DIY 用户测试

4.7.1 轻量化趋势

最近，敏捷开发（Agile Software Development）作为一种能够随机应变，对需求迅速做出反应的新型软件开发手段得到了迅猛普及。敏捷开发方法把产品分割成多个很小的功能，以 1～4 个星期的短期开发为单元进行迭代（Iteration）。各迭代期内会进行设计、开发、测试等所有与开发相关的步骤。在迭代期的末尾，会完成一个功能虽少却可以推向市场的产品。

如前所述，用户测试大概需要 4 个星期的作业时间。而对敏捷开发团队来说，4 个星期至少是一个迭代期，快的话甚至可以经历 4 个迭代期。因此，显然不可能把时间和资源只花费在用户测试上。

另外，近年来，随着 Ruby on Rails 这种高效开发环境和云计算的普及，软件开发的成本也大幅下降。精益创业（Lean Startup）这类创业方法，在 1～3 个月内只需几百万日元甚至几十万日元的成本，就能够建立起一套全新的服务。

这种类型的小项目实施成本高昂的用户测试根本不可能。比如说整个项目一共才 500 万日元（约 30 万人民币）的预算，只实施一次用户测试就要花费近 200 万日元（约 12 万人民币），这在成本控制上应该是绝对不允许发生的事情。

4.7.2 Do-It-Yourself

一些专业调查公司具有设备齐全的可用性实验室、资源充沛的可调查人群，同时具备人机学、心理学专业知识的采访人员，并提供从计划到最终报告一条龙服务。

如果有充足预算，把测试业务委托给这样的调查公司是最稳妥的。招募参与者、设计任务、访谈的技术、协议的分析还有编辑录像等都需要各种非常专业的技巧，因此如果可以把这么复杂的业务委托给专业的公司，你就可以专心开发产品了。

但是，绝不要因为没有预算而放弃测试。开发者凭空想象制造出的产品，用户可不会买账。如果不好好做测试，产品可能会出现不可用的风险。

如果实在没有预算，那就 Do-It-Yourself！其实也没什么可担心的，我们完全可以通过自己的人脉寻找参与者。可以在公司的会议室里安装摄像头，将会议室当作实验室使用。即使不具备高超的访问技术，只是坐在一旁观察参与者操作，也能达到百闻不如一见的效果。另外，与其把时间浪费在谁也不会看的超长报告上，不如和开发团队的成员讨论改善方案，尽早解决问题。

而且，做测试并不是最终目的，真正的目的是开发产品，用户测试不过是一种手段。因此，无论看上去是多么简单的测试，只要能提高产品品质就足够了。

4.7.3 二八定律

80% 的价值由 20% 的元素决定，这就是被称为二八定律的经验法则，也叫作帕累托定律。但如果把该定律理解成 "80% 的元素因价值较低可以不要" 就大错特错了。正确的理解应该是 "把注意力放在决定了 80% 的价值的这 20% 的元素上"。若是追求所有元素要做到尽善尽美，那么无论多少人力、物力、财力都无法满足吧。

但本书所介绍的 Do-It-Yourself（DIY）方式的用户测试可绝不是 "便宜货"。虽然删除了一些内容，但删的都是不会损害核心价值的内容。用户测试的策划从开始到结束，整个流程并没有变化，测试设计也和以往相同。但是，高档的工作餐、使用单向可视玻璃隔出的观察室（光线昏暗，令人昏昏欲睡），这些并不是用户测试的本质价值。

另外，虽然 DIY 用户测试的成果并不是正规测试的成果，但只要参与人数相同，理论上可以发现和正规测试相同数量的问题。另外，如果开发团队的能力相同，解决问题的水平也不会有差距。反之，如果能够发挥DIY 用户测试周期短、费用低的优点，甚至可以进行正规测试都无法进行的测试，并且在相同的预算下，可以多进行几次用户测试。总体来看，DIY用户测试可能比正规测试得到更大的成果。

	正规用户测试	DIY用户测试
活动的主体	专业的顾问	你和同事
参与者	调查公司的注册会员	朋友的朋友的朋友……
活动地点	带有单向可视玻璃的专业实验室	会议室或者其他可利用的空间
成果	内容丰富的报告（带动画）	像笔记一样的报告和对话
其他	参与调查会提供高档工作餐	咖啡畅饮

▌正规用户测试和 DIY 用户测试的比较

4.7.4 DIY 的基本原理

DIY 用户测试的基本原理是替代，但不是用假货替换，而应该在看清根本价值的基础上，向短周期、低成本的方向灵活地发散思维。

▌充分利用人脉

有这么一种说法，通过 6 个人就可以认识世界上的任何一个人。也就是说，我们和世界上的任何一个人都存在间接关系。这就是著名的六度空间理论（Six Degrees of Separation），它也一直被认为是社交网络服务的根源。当然，在生活中通过这种方法结识现任总统或超人气的偶像显然是不可能的，但大家可以注意到，如果充分利用人脉，确实可以结交到超出想象的数字的人。

在 DIY 用户测试中，正是需要利用你的人脉来招募参与者。也许大家会认为，如果是个人的人脉，只会局限在一个很小的圈子里。其实，在试着寄出大约 100 张贺卡之后，你就会发现刚才的担心根本没有必要。因为第一层次的朋友 100 人，到第二层就有 1 万人，到第三层就有 100 万人，这已经几乎是全日本最大的调查公司注册会员的数量了。

有效利用日常用品

其实，我们在日常生活中也并不一定只使用专用物品。比如，我们会用碎木片来当作门挡，会用小圆凳来代替床头柜。当然，专用物品的确很精致，但是从功能上看，代替品也不会差到哪儿去。

在 DIY 用户测试中也是如此。比如，使用活动隔板把会议室布置成简易的实验室，用普通的笔记本代替测试用的机器，用 iPhone 录像，回家找找的话，说不定还可以在哪个角落里发现一年也用不上几次的摄像机和三脚架。像这样，稍微发挥一下自己的想象力，就可以发现原来身边可以用来做测试器材的物品有那么多。

原始的分析方法

提到数据分析，大家一般都会联想到这样的画面——使用造价高昂的专业分析软件设计了一个很复杂的宏程序后，对数据进行分析。在进行定量分析时，这样想也不为过。但如果做定性数据（质量数据）分析，那情况就完全不一样了。

定性的数据是不可以拿来做运算的。虽然从效率的角度出发会在分析时使用计算机，但本质上，计算机并不会帮你做分析。此时，专家会把数据碎片化后写在纸条上、贴在墙或者白板上，然后再进行"超"原始的分析，即 KJ 法 [1]，这种方法沿用至今。在用户测试中，你只要和上述专家做一样的分析即可。

---

[1]　又叫亲和图法，由日本人川喜田二郎首创。——译者注

重视对话

运用界面示意图和视频截图，甚至包含原始数据，写这种内容翔实的报告需要两个星期。但那些直接参与了产品开发的开发人员和设计师并不重视这个，因为他们全程都参与了测试，估计早已开始着手讨论改善方案，修改设计了。

DIY 用户测试要求相关人员必须参与。与其把时间浪费在报告上，还不如把开发人员和设计师都叫到测试现场，一起讨论问题的解决方案。我们做用户测试的根本目的就是为了提高产品的质量，报告的页数和产品的质量可没什么关系。

4.7.5 用户测试的失败案例

DIY 用户测试为提高产品质量做了很大贡献。然而，在用户测试中，如果没有经验，那么很容易掉进陷阱。下面就为大家介绍几个比较典型的失败案例。

1. 有不少开发人员和设计师都会等产品开发结束后再做测试，其实就是希望把测试的时间往后延。他们的理由是"对做了一半的东西做测试根本没有意义，测试应该放在设计与编码完成后"，这样想可就是大错特错了。如果等产品完工了再做测试，万一发现了牵涉产品基本设计的问题，此时再想调整就来不及了。有些致命的错误应该尽早发现。

2. 很多人认为，如果参与者是新手，可能会发现更多的问题。这个想法也是完全错误的。若是招募一个连鼠标和键盘都不会用的人来参与测试，用户测试可能就会变成计算机学习班了。用户测试一定要招募那些有一定技能和动机的用户来参加。正是因为连这些貌似很懂的用户都要为了完成一个任务而苦苦奋斗，才会给开发者和设计者以足够的打击，激励他们下定决心改善根本的产品设计。

3. 千万不可错把用户测试当成市场调查时做的小组访谈，让 5 个人在同一个房间里做测试。用户测试必须单独进行，因为在实际操作中，也基本是用户一个人在使用产品。

4. 不可以向用户提出类似"您觉得哪里不好""您觉得如何改会比较好"这样的问题。用户并不是分析人员或设计师，产品存在哪些问题，该如何改善，这些都是你的工作才对。在用户测试中也应该做到"不盲从用户的意见"。

专栏：低成本用户测试的发展

低成本产品可用性的创始人是杰柯柏·尼尔森博士，在学术派产品可用性占主流的时代，他就提出了采用了 5 人用户测试法和启发式评估法的实用型产品可用性的概念，即低成本产品可用性。

虽说低成本，但只是指比拜托常年在实验室里身穿白大褂的博士和助理来做要便宜。其实，如果看看注重低成本产品可用性的 Nielsen Norman Group 的价格表，◎专家检验费：$38 000；◎用户测试费：$26 000，◎用户测试讲座费：$23 000 + 交通费……就能知道，这恐怕谈不上便宜。

看了这个价格表，千万不要领会成"原来国外的项目产品可用性的预算有几百万日元！日本已经落后了！我们应该提高预算！"其实，国外只有极少数的项目能够做到在用户测试上投入 200 万日元（约 12 万人民币）的预算。

那么，该如何是好呢？

Do-It-Yourself 的最高权威是史蒂夫·克鲁格（Steve Krug）。因《点石成金：访客至上的网页设计秘笈》（*Don't Make Me Think*）一书走红的史蒂夫，以轻松的语言表达方式向全美读者传授经验技术。

后来，他又出了第二本书《妙手回春：网站可用性测试及优化指南》（*Rocket Surgery Made Easy*）。从书名来看似乎风格大变，但"火箭术"只是创造出来的词，以讽刺用户测试的高难度。将书名意译，其实就是

"用户测试指南"的意思。

他的主张可以归纳为以下三点。

- 定期（每月／每日一次）、反复地进行小规模（三个参与者）的测试
- 要求相关人员参与观察用户测试
- 问题的解决方案永远没有最好，只有更好

上面的内容可能会给人一种故意迎合大众的感觉，但其实是非常值得学习的。特别是让相关人员参与观察用户测试和一些相关技巧（比如在送给参与者的礼物上不能小气）都极具参考价值。

就这样，低成本用户可用性的主角就从尼尔森变成了克鲁格。但基本的大原则并未发生变化。

- 无论是什么样的测试，总比不做好
- 尽早测试（原型）
- 反复测试

我想，这些原则今后也不会改变。

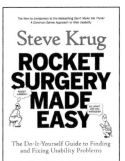

史蒂夫·克鲁格
低成本用户测试的传道士。从书名 *Rocket Surgery Made Easy* 上看，本书似乎风格大变，但事实上这书名也的确突出了作者独特的用户测试理论。

第 **5** 章

用户测试实践篇

5.1 招募

5.1.1 招募前的准备

用户测试的第一步就是招募。在招募前必须先确定想让什么样的人来参加，虽说原则上是"具备代表性的用户"，但是仍然需要定义具体的要求。这就是招募条件。

很多开发团队被问到"你们产品的代表用户是哪些"时，会马上陷入混乱，很可能会找出以往的市场调查结果勉强应答，比如男女比例为 1∶1，20～29 岁、30～39 岁、40～49 岁的比例为 5∶3∶2，东日本和西日本的比例为 3∶2 等。显然，这些数据完全帮不上忙，我们想做的又不是市场调查。

要是再追问一句"能否描述一下具体的用户形象"，设计团队可能想到的就是在策划阶段创建的角色（Personas）。的确会有具体信息，比如"圭介，居住在崎玉县，22 岁""美智子，居住在京都，33 岁"，但这些数据可能都是想象的。如果盲目使用这些假想数据，以此认为用户测验参与者是居住在崎玉县的 22 岁男性和居住在京都的 33 岁女性的话，那就大错特错了。

参与用户测试的人，最重要的条件就是他们"（被认为）有能力使用该产品完成任务"。

因此，参与者必须具备相应的"资格"。比如，不可能让没有驾照的人参加新型跑车的试驾活动吧，也不可能让高中生参加鸡尾酒的试饮活动吧。

另外，还需要一定的经验。虽说用户测试不过是在"假如○○的话"的前提下做一些"表演"，但即便如此，若是参与者没有相关的知识和一定的经验，也无法认真表演。如果完全不管参加测试所需的资格和经验，也可以让男性来参与女性内衣网店的测试，但估计没有人会设计这样的测试吧。

一般可以将招募条件精简到 30 字左右。下面举了几个例子以供参考。

- 正在考虑买二手车的 20 岁左右的青年男女【二手车网站】
- 准备结婚，且在市中心工作的未满 35 岁的女性【婚恋网站】

- 孩子是初中生，住在郊区独栋楼房的全职家庭主妇【防盗服务】
- 开低档或中档汽车，住在郊区的中老年人【车载导航仪】
- 会用打字机，想用计算机的老年人【计算机】

5.1.2 通过人脉招募

DIY 用户测试并不需要通过网络问卷招募志愿者，通过对话的方式即可。不要认为这是什么难事，可以参考 5.1.1 节中最后的几个例子，如下所示。

你：最近你周围有人要结婚吗？

朋友：没听说谁要结婚，不过我公司有同事上个月结婚了。

你：那个人大概多大了？

朋友：比我大 3 岁，33 岁吧。

你：能不能把那个人介绍给我啊？其实……

就这样幸运地找到了一个候选人。本例中，你可能更想找计划要结婚的人，但已经结婚的人也可以，这算是一种妥协，说不定能从刚刚结过婚的人身上能打听到更多有用的信息。但参与者的人数离需求还差得远呢，我们继续请求别人的帮助吧。

你：就像我刚才说的，我在找 35 岁左右准备结婚或者刚结婚的人，你有没有想到谁？

朋友：嗯……我们公司女孩子太少了，估计没有这样的人。

你：那么，你老家那边的朋友或者亲戚当中有吗？能不能帮我问问看？今天的午饭我请哦！

朋友：好啊。是这个月最后一个星期的工作日晚上，大概一个半小时到两个小时左右的时间，地点在六本木，酬劳是 1 万日元（约 630 元）左右对吧？1 万日元的话我也想去呢，虽然还没有结婚的计划……

六度空间理论
有这样一种说法，通过朋友的朋友的朋友……这样进行 6 次循环
就可以认识世界上的任何一个人

在与朋友介绍的同事见面时，也可以拜托他介绍符合招募条件的人。就这样，通过朋友的朋友的朋友……肯定可以找到足够的参与者。上面的例子里是通过见面沟通的，其实沟通的方法有很多，电话、邮件、社交网站、微博等都是可以的。

5.1.3 抓住一切机会

通过自己的人脉招募并不只有让朋友介绍一种方法。发挥一下想象力，注意观察自己的周围，就会发现可以在很多地方找到符合条件的参与者。

走廊： 请在公司走廊里遇见的其他部门的同事帮忙做测试，这种测试叫作走廊测试（Hallway Testing）。如果在工作时间内找别人帮忙，很可能被拒绝。但如果事先打招呼或者发邮件拜托别人帮忙，应该会很快得到回应的。

展会： 若本公司参加展会，或者召开私人研讨会，千万不要错过这些机会。因为来参会的人肯定是现用户或潜在用户。事先和市场部的负责人打个招呼，在展台里准备一个可以和参展人员静下心来对话的小空间，就可以进行招募了。

讲座： 你们公司是否会为顾客召开介绍本公司产品的讲座？这种讲座会设置初级、中级等级别，十分有利于招募用户测试的参与者。另外，也有一种技巧，就是让某个讲师混入讲座台下的观众席，"观察"并寻找参与者。

培训班： 在车站或者大街上经常能看到"○○培训班"的牌子或广告。这些培训班里聚集的是有近似的知识结构、经验和动机的人。比如，英语培训班的学生肯定会愿意帮忙测试电子词典或者翻译软件，摄影培训班的学生也一定乐意做数字相机和图像处理软件的测试。另外，如果想做面向中国市场的产品的测试，去日语培训班寻求帮助肯定错不了。

公司顾问： 指的是律师、注册税务师、社保顾问等。大部分公司都会与这些顾问签订顾问合约。如果测试对象是这类顾问，可以通过本公司顾问的"老师"来介绍其他的同行认识。这些拥有某类专业知识的群体，在外人看来似乎很难打入内部，但是通过内部人士介绍会比较容易被接受。

5.1.4 招募的窍门

下面介绍几个使用人脉招募时的窍门。

性别年龄不限

正规的用户测试会根据需要记录参与者的性别、年龄、职业、家庭结构、年收入等个人隐私信息。这样做的原因是如果不能保证参与者的来历，那么对于调查本身的准确度会出现很多疑问。所以会要求参加测试的人出示身份证。

但 DIY 用户测试应尽量避免询问这些私人信息，因为即使不问这些，也可以通过介绍人保证参与者的来历。而且，即使是朋友之间，也很难询问年龄或者年收入。

按参与者的喜好定时间

正规的用户测试是让参与者在特定的时间到达特定的地点，因此要优先考虑做测试一方（特别是客户）的时间，选择能够配合这个时间的人作为参与者。

DIY 用户测试的话就正好相反了。原则上是需要我们来迎合参与者的时间。比起寻找"可以在下周三晚 7 点来六本木"的人，寻找"下周的工作日有时间来六本木"的人更容易。

逐渐展开

第一次开展 DIY 用户测试的人可能会担心找不到足够人数的参与者，如果此时慌慌张张地一次性向 10 个朋友求救，那可就完了。

第一层 10 人，第二层 100 人，第三层 1000 人……这次的测试你只需要 5 ~ 10 人而已，所以你不得不回绝大多数招募到的人，这样一来，下次你再计划做用户测试时，就不会有朋友愿意帮忙了。因为上一次他们好不容易把朋友介绍过来，却被你拒绝了。

⏱ 专栏：报酬的行情

一般都会在测试结束后当场支付酬劳。以下介绍一下东京的报酬行情（包含交通费）。

- 1 个小时：5000 ~ 6000 日元（约 305 ~ 366 元人民币）[1]
- 1 个半小时：7000 ~ 8000 日元（约 427 ~ 489 元人民币）
- 2 小时：10000 日元（约 620 元人民币）

也听说有些公司会拿一些纪念品（比如马克杯、T 恤等）作为报酬，显然这种礼物是没人想要的。不管怎样，酬金至少不要给（介绍别人来参加用户测试的）你的朋友丢脸吧。

---

[1] 国内互联网公司每小时的报酬为 150 ~ 200 元人民币。——译者注

其实除了现金外，其他东西也可以作为酬劳。比如，某大型软件供应商的报酬就是本公司的操作系统或商务软件。某餐饮企业的报酬就是本公司饭店的就餐券（在这些情况下，都会通过其他方法支付交通费）。

但是请特别注意，这些报酬行情并不适用于特殊人群。比如，给医生或律师几千日元的报酬，就非常脱离常识了。应该在了解这些专业人士的报酬行情的基础上决定相应的金额。

5.2 设计 DIY 测试

闹剧·用户测试剧场

年轻的采访人员正在给开发中的服装网站做用户测试。该测试的参与人群为年纪稍长的男性。

（前略）

进入观察阶段。

- **采访人员**：请您用这台计算机访问一下我们的网站。
- **参与者**：小意思！（正准备拿起鼠标时）啊，我是左撇子……

此时，采访人员赶忙把鼠标的设置改成左撇子用的。

然而，因为不是左右对称的鼠标，所以参与者好像用得不太顺手。任务开始后，参与者不停地眯眼睛。

- **采访人员**：您怎么了？
- **参与者**：我有老花眼。刚用计算机才想起来，我应该把眼镜带过来的……

（中略）

观察阶段进入尾声。

- **采访人员**：我们网站也具备虚拟试穿的功能，您要不要试一试？
- **参与者**：试穿啊……我平时对穿着不太上心，都是我老婆打理的。

参与者（看上去没什么兴趣）使用了虚拟试穿功能。在采访人员的催促下，参与者选择了一件衬衫。

- **采访人员**：请购买您选择的这件衬衫。

参与者执行结算程序。

- **参与者**：填入信用卡卡号……嗯？是要用我自己的卡支付吗？

此时，采访人员慌忙去寻找可支付信用卡。

10 分钟后，采访人员终于从总务处那借来一张董事用的公司卡。

参与者用这张卡继续结算。

参与者在最后的页面按下支付按钮后，系统弹出了错误提示（这是开发中的产品经常出现的问题）。

采访人员好不容易把系统恢复正常后，发现参与者之前输入的数据全部丢失了。

- **采访人员：……（脸色苍白）**
- **参与者：……（兴味索然）**

（后略）

上例是一个失败的用户测试，失败原因决不是运气不好，明显是设计失误。若事先做了充分准备，是可以顺利推进测试并得到有效结果的。

测试设计关系到测试的成败。无论是正规测试还是 DIY 测试，测试设计的地位都是相同的，质量必须达标。如果放任不管，你也会闹出和上述例子一样的笑话。

测试设计由四个步骤构成。

- 设计任务
- 准备实际检查工具
- 制作访谈指南
- 进行试点测试

5.2.1　设计任务

用户测试中会请参与者进行一些作业，即任务。比如，网上购物、使用财会软件处理会计事务、使用手机下载音乐等。

任务示例

收看录好的电视节目【DVD 录像机】

- （税务）最后申报【税务网站】
- 搜索（公共汽车，地铁等）最后的班次【交通换乘应用软件】

- 申请参加某化妆品的活动【商品活动信息网站】
- 设置某网络供应商的网络【设置帮助软件】
- 准备 10 份会议资料的复印件【多功能数字一体机】
- 搜寻可以开年会的饭店并预约【餐饮信息网站】
- 去某游乐园【车载导航仪】
- 汽车保险的预估【保险公司网站】
- 确认三个月来体重的变化【保健设备】

任务会在很大程度上影响测试的结果。可以把任务设计理解为用户测试的关键。要设计最适合的任务可参考以下四大原则。

1. 把精力锁定在主要任务上

用户使用产品有各种各样的目的。如果包含一些小的子分类，可能会有上百个任务。当然，我们不可能测试所有的任务，用户测试只从中挑选主要的任务。

比如，如果有功能或服务利用率这样的数据（访问日志也可以），我们就可以将其作为参考，锁定主要任务。即使不是很严谨的数据，比如开发团队的经验值也没有关系。另外，改版或升级产品时，会改变操作步骤和新加入的功能等，这其中肯定有引人注目的部分，可以优先做这些任务。

如果完全无从下手，可以从产品的研发目的的角度出发，自然就能明白主要任务是什么了。

2. 从用户的角度出发

用户界面最重要的作用就是支持用户达到自己的目的，而任务就是用户的目的。然而，开发团队经常会把他们想让用户做的事情（即所谓的商业目的）当作任务来研究，这一点需要注意。

某房地产信息网站的开发团队把"购买一手房"当作了任务。但事实上用户是不可能在网站上买房的。用户之所以访问该房地产信息网站，主要是收集房产信息，查看自己感兴趣的户型的资料等。之后，用户会亲自看房，在和售楼处的销售员当面沟通后再购买。

购买房产的流程不同于服装和书籍，即使房地产的网站最终的目的也是销售，但该任务并不适合主动提供给用户。最终，该测试还是把任务改为"申请参观自己感兴趣的房产"。

再举一例，某门户网站为了让用户注意到"重要通知"，特地制作了图标放在显眼的地方，但开发团队内部就图标的设计和显示的位置产生了分歧。结果在做用户测试时，大多数用户居然以为这个"重要通知"是横幅广告直接忽略了。

事实上，该测试的任务被设置成了"使用该网站的内容"。如果把任务设置为"阅读重要通知"，即使用户多少有些茫然，但也会去寻找通知的。正是因为根本的任务设置错了，才会发生上述情况。

3. 明确起点和目标

用户测试中最重要的地方就是"用户是否可以完成任务"，因此要明确"目标"是什么。如果没有明确定义目标，也就不能判断用户是否完成了任务。一般会事先定义一个目标页面（界面），用户最终如果到达了该页面（显示了该界面），就说明完成了任务。

但是，比如有一个测试是在网店购买商品，既可以把显示了"下单成功的页面"作为目标，也可以把收到"下单确认邮件"作为目标。如果希望尽量接近实际使用情况，应该把收到"下单确认邮件"作为目标。但如果此次项目的目的是改善网站内购物流程，也就没有必要验证下单确认邮件了。即使任务相同，如果目标不同，测试目的也大不相同。

另外，除了目标外，也需要明确任务的起点。以申请参加在线活动的任务为例，既可以把网站的首页作为任务的起点，也可以把（直接跳转到活动信息页面的）广告邮件里的 URL 地址作为任务的起点。像这样，任务的起点并不一定非要是类似首页或待机界面的"0 起点"，应该根据不同场景定义合适的起点。

4. 剧本化

即使任务已经设计得很好了，但如果突然要求用户进行"请在该网站

上寻找一家店"的任务，用户可能会不知所措。当然，实际使用时，用户
会有自己的理由和目的，但测试中不是这样的。如果没有动机，用户就不
会主动行动，只是等待指示。

因此，需要追加一些假设的情况（背景），把任务润色成故事。比如，
（假设）你所工作的部门要召开一次欢送会，刚好由你来负责准备工作，请
使用该网站寻找可以开欢送会的地方。

如果能像这样以剧本形式告诉用户任务，用户就可以通过自己以往的
经历，带着生活实感，更主动地使用产品。

5.2.2 准备实际检查工具

用户在来测试会场之前是不会做任何准备的。换句话说，如果不事先
准备好用户执行任务时需要的信息和环境，测试就不能顺利进行。

准备

用户测试中，注册会员和下订单时需要假的个人信息，如果需要用户
购买商品，还需要准备能支付的信用卡。如果需要测试完整的购物流程，
就必须获取测试用的邮件地址，并事先设置好测试计算机的邮件软件。

做手机测试时，需要事先在电话本里准备好假的联络人信息。如果需
要测试拍照功能，需要事先准备好拍摄物品。如果要测试下载手机铃声的
功能，也需要事先把下载网站放进收藏夹。

除此之外，还要事先准备好商品的照片和说明手册，以及用户申请服
务时所需的流程示意图，需要输入文本时要事先准备好范文等。

信息提示卡

用户在执行任务时所需的信息，比起口头传达，写在纸上交给用户会
传达得更准确。这样做也利于用户更主动地使用这些信息。另外，在事后
通过访谈让用户进行主观评价时，也是把写有评价等级的纸展示给用户，

让用户指出的做法更容易操作。有些比较复杂的任务，任务本身可能就是采用了卡片的形式。

类似这样的信息提示卡，大多数都是使用 PowerPoint 制作的。但如果时间有限，手写也没问题。

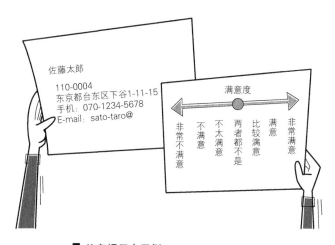

信息提示卡示例
假的个人信息（左）和主观的评价等级（右）

初始化操作指南

因为用户测试是让每个参与者在相同的环境下接受测试，所以在每个参与者完成任务后都要进行初始化。

比如，由于未访问的超链接和访问过的超链接颜色是不同的，因此如果不清除浏览器的访问历史，那么下一个参与者只要沿着前一个参与者的访问痕迹就能完成任务了。

再比如，测试中需要收发邮件的情况，如果邮箱中留有上一个参与者操作过的邮件，会让接下来的参与者陷入混乱。另外，在有需要输入文本的任务里，如果日语输入系统具备记忆功能，记住了上一个参与者输入的内容，很可能让这个测试前功尽弃。

因此，在设计测试时，必须仔细检查系统的初始化作业，并制作操作指南。因为初始化作业大多是在任务与任务之间的空隙时间中进行，所以只依靠记忆，很可能会漏掉某个步骤或发生操作失误。

5.2.3 制作访谈指南

访谈指南是用户测试的剧本。访谈指南里有用户从入场到退场的流程、提示提问和任务的顺序、时间分配、采访人员要说的话（台词）等。采访人员原则上一边参考访谈指南，一边按访谈指南推动用户测试。

测试大纲

用户测试并不只由任务构成，还包括签订信息保密协议（NDA）、支付酬劳等事务性的作业内容，再加上把握用户背景的"事前访谈"、听取任务完成后的感想和主观评价的"事后访谈"等。

以一个小时的测试为例，其基本的流程和时间分配情况大致如下所示。

1. 序曲（几分钟）：录像许可、签订信息保密协议（NDA）等。
2. 事前访谈（5～15分钟）：询问用户背景及任务相关内容。
3. 事前说明（几分钟）：让用户在执行任务的过程中说出正在思考的内容，并对设备做简单的操作练习。
4. 观察任务的执行（30～45分钟）：提示任务并观察。
5. 事后访谈（5～10分钟）：感想、主观评价、期望等。
6. 尾声（几分钟）：支付报酬，送客。

然而，根据测试目的及设计师的喜好，访谈的构成多少也会有些不一样。比如，为了事先完成所有事务性的作业，会在访谈前就支付报酬。另外，也会存在每完成一个任务就去询问感想和主观评价的情况。

访谈指南示例

下面我们来介绍一个访谈指南的实例。以下内容为该测试的概要（该测试和访谈是基于事实创作的）。

- 评测对象：A 银行的网站
- 招募条件：持有 A 银行的帐号，且想买车的公司职员
- 参与者人数：5 名
- 任务：申请购车贷款的相关任务
- 测试时间：1 小时
- 酬劳：6000 日元（约 365 元人民币）

网站的相关访谈

1. 序曲（3 分钟）

打招呼，说明此次访谈的目的

- "您好，我是利用品质 Labo 的樽本。今天由我来和您做这个访谈，请多关照。"
- "做这次访谈的目的是为了了解○○先生对我们网站的使用情况，也想测试一下我们的网站设计。"

录像许可，签订信息保密协议

- "为了能够记录○○先生的意见，我们会对今天的访谈录像，主要记录您的声音和计算机操作的画面。另外，今天的录像我们只会做分析，不会用于其他地方。我们也保证一定会慎重地管理录像内容。"
- "另外，在另一间会议室会有其他职员和一些相关人员通过屏幕观看我们的访谈。"
- "还有，我们希望○○先生也能保证，今天在这里看到的内容不会透露给其他人。"
- "那么，请您在这些协议上签字。"

2. 事前访谈（5 ~ 10 分钟）

个人情况

- "您要是不想说的话也不会勉强您，说个大概就可以了，请问您是

从事什么工作的?"

- "请介绍一下您的家庭构成。"

计算机相关

- "请您介绍一下使用计算机和网络的经历（使用年数）。"
- "您家里使用的是哪种计算机（台式机／笔记本，操作系统为 Win／Mac）?"
- "如果知道您家里网络连接方式（ADSL 等）的话，也请说明一下。"
- "您每天大概使用网络的时间是多少（除去发邮件的时间。公司、家里分别多长时间）?"

与任务有关的提问

- "○○先生您有汽车吗?"
  - ○ 有→"是什么车? 什么时候买的?"
  - ○ 没有→"今后的购车计划是怎样的?"
- "您的银行卡都是哪些银行的?"
- "您在银行里主要有哪些业务呢?（定期存款、信用卡贷款、外币存款、网上银行等）"

3. 事前说明（2 分钟）

- "请在计算机上访问一下我们的网站。○○先生，您就像平时在家里那样操作就可以了。"
- "我们今天的测试对象是这个网站，不是○○先生您，所以如果操作失败了，也请您不要放在心上。"
- "如果可以的话，请您一边操作一边把您心中所想的说出来，这些内容非常具有参考价值，请试着一边说话一边操作计算机。特别是您要怎样操作，为什么这样操作，这些内容请告诉我。"
- "虽然您可以在访谈进行中提问，但由于我们想知道的是用户在自己一个人操作时会有怎样的举动，因此可能不会马上回答您的问题。并不是我们无视您的提问，事先和您说一下，请您了解。"

4. 观察任务执行（总共 40 分钟）

网站提示

- "○○先生，您之前访问过这个网站吗?"
  - 有访问经验→"您是在什么时候因为什么访问这个网站的?"
  - 无访问经验→"您知道这是一个什么网站吗?"

剧本提示

- "接下来，请您使用一下这个网站。在此之前，先向您介绍一下需要您做的任务。
  →○○先生最近正在考虑买车（或者换掉现在用的车），但是因为手里资金不足，所以想向银行贷款。

任务一（5 分钟）

- "请调查一下您是否可以借款（是否具备借款条件）。"
  - 起点：首页
  - 目标：购车贷款页面

任务二（10 分钟）

- "假设您借了 100 万日元（约 6.2 万元人民币）作为购车资金，准备每个月的还款额控制在 5 万日元（约 3000 元）以内。请您算一下您需要还款多少个月?"
  - 起点：购车贷款页面
  - 目标：模拟还款结果的页面

任务三（10 分钟）

- "现在要去银行的营业窗口处理一下贷款的事情。○○先生，请您查一下哪家银行您过去最方便?"
  - 起点：首页
  - 目标：各门店详细信息页面

任务四（10 分钟）

- "为了申请贷款，要带着材料再去一次银行的分行。如果事先预约的话，就可以不用花时间排队了。请您在网站上预约，预约时需要填写的个人信息请参考我们准备的内容（提示卡）。"

　　○ 起点：首页

　　○ 目标：来访预约成功页面

5. 事后访谈（5 ~ 10 分钟）

- "今天请您使用了 A 银行的网站，请您谈一谈使用感想。"
- "如果要综合评价今天的体验，○○先生给这个网站打多少分呢（给出 7 个档次的评分卡）？理由是?"
- "（未达到最满意的情况）假设现在为了提高网站的评价，要优化某个部分，您认为最应该改善的是哪个地方?"

6. 尾声

- "今天的访谈到此为止。我们准备了酬劳，请您确认一下金额，并在收据上签字。"
- "能够得到您的大力协助，真是非常感谢。"

　　（将参与者领到出口）

7. 初始化环境

- 清除浏览器的缓存
- 让浏览器显示空白页面

5.2.4　进行试点测试

　　无论进行了多么严密的测试设计，真正实施起来还是会发生意想不到的状况。当然，用户的行为在意料之外是可以理解的，但也有不少情况是因为访谈指南和准备存在问题。因此，需要事先进行试点测试。

　　试点测试可不是访谈的练习或测试的事先练习。试点测试的目的是测试用户测试本身。试点测试要在可以调整访谈指南和实际检查工具的时间点（实际检查的 2 ~ 3 天前）进行。

　　试点测试的参与者一般是公司同事，采用的访谈指南和实际检查工具也和实际用户测试时一样。另外，访谈实施的流程和时间分配也和实际操作时相同。充当参与者的同事们也需要回答事前访谈的提问，执行所有任务。我们并不关心同事的回答和任务的完成情况，因为我们的目的是发现用户测试中的问题。

首先需要确认的是，访谈指南里的台词和提示卡片里的内容是否能够准确传达意思。如果同事对提问产生误解，或是不明白问题的意思向采访人员反问，那就需要讨论并修正产生问题的部分了。

另外，用户的完成时间也需要计时，以确认是否可以在规定时间内完成测试。如果同事完成任务很困难，可以想象实际操作时用户也会如此。如果同事很顺利地完成了任务，那么基本可以判断，实际操作时用户所需的时间为同事的 1.5～2 倍左右。

另外，还需要确认任务的指示说明和信息提示卡片里是否包含了暗示内容，特别要注意同事非常容易就完成了任务的情况。实际上，在我身上就发生过这样的事。因为制作的信息提示卡片里的数据排列顺序和测试目标产品用户界面上的项目排列顺序完全相同，所以我的同事几乎没看计算机界面，只看找给的提示卡就完成了输入。

根据试点测试中发现的问题，通过修改访谈指南和信息提示卡片的内容或调整时间分配，来改善测试内容。

另外，试点测试绝不可以省略。如果省略了试点测试，就会变成前两个参与者的测试成为了试点测试，浪费了真正的测试资源。

专栏：其他与任务有关的内容

任务设计是一项很专业的技能，真正的任务设计更是需要丰富的经验。另外，不同的产品可用性工程师有着不同的风格，因此任务设计师不同，任务的细节也会不同。任务设计的基础其实很简单，只要不弄错，谁都可以做最基础的任务设计。

● 简易任务的设计方法

任务必须要有目标。所谓目标，就是用户达成目的的地点。也就是说，在很多情况下，定义目标就是定义目标页面。

比如说，使用手机发短信时，页面上会显示"短信发送成功"。在社交网络（SNS）上注册会员，注册成功后页面会显示"会员注册成功"。这些都是目标页面。用户在操作后如果显示了这样的页面，就说明达到了目的。

这里，如果在每个页面提示成功的信息前加上"请"字，就构成了任务指示说明。比如，手机就是"请发送短信"，社交网站就是"请注册会员"。

然而，如果突然让用户"发送短信"或者"注册会员"，用户很可能不明白是怎么回事。因此，需要加入假设的情况（背景）。

比如，假设你今晚约朋友 7 点在涉谷见面，但是因为工作原因，想把见面时间改到 7 点半，请用手机以短信的形式和朋友联系。

就像这样，虽然在实际中不得不根据指示说明的具体情况进行了动词的调整，但因为贯通了目标使得指示内容明快易懂。

这种简易设计方法决不是初学者专用的。我自己在做基本设计时也会使用同样的方法。另外，在设计复杂的任务时，有时会迷失方向。此时，如果使用简易法从头来过，回到基本点上来，就能正确地定义任务了。

● NG 任务集

任务设计中最麻烦的就是设计错了任务却未察觉出来。即便任务中多少存在些问题，测试也能完整地执行。然而，这样的测试，要么不能得到十分满意的结果，要么其结果会缺乏可信度，要么可能会得出错误的结论。

下面就为大家介绍一些例子。

（1）请您在接下来的时间内，随意使用这个网站

⇒ 因为该任务里没有目标，所以用户根本不能完成任务。换句话说，这并不是用户测试。当然，在使用网站的这段时间里，也有可能发现几个问题，但这些都是散落在网站内部的问题，无法分析它们的严重程度。

（2）今天的天气非常好，您的心情也很好吧。这种心情特别适合……

⇒ 用户测试不是催眠术。确实，任务的执行需要设置一定的环境

（场景，前后关系），但心情与环境不同。环境是指具体的场景、事实及行动。"在涉谷和朋友见面""在办公室写策划案"这些都是环境，但心情部分不包括在内。

（3）请"定位"一下店铺

⇒ 原则上任务里不允许使用用户界面的术语，特别是用户日常生活中不会用到但用户界面会用到的术语。好不容易可以在用户测试中检验一下用户界面用词的准确性，却在任务指示中给出了专业词汇。

（4）请先输入本文，然后以短信形式发送给 A 先生

⇒ 这样的指示说明里含有完成任务所需的步骤。这样的话，任务就变成执行命令了。任务只应该指示最终目标，如何达成这个目标，应该由用户独自完成。

（5）请阅读商品 A 的说明书，如果对商品 A 有兴趣的话，请购买它

⇒ 心情是一种非常暧昧的东西。即使用户在实验室里表现出了想买的意愿，等他回家之后也不一定会买。因为心情会随环境而变。因此，如果指示的内容是"如果有兴趣的话请购买"，用户听到后就会产生偏见，偏向于购买的一方。从仅有 5 人的用户中收集来这种缺乏可信度的数据是不能得到任何结论的。作为任务，只要指示"请购买商品 A"就足够了。

● **任务的本质**

好的任务会让用户认真对待。但一旦将注意力集中到任务上后，用户就会忽略一切看上去与任务没有直接关联的东西，这样做的结果往往是用户不能完成任务。这其实就是用户测试的"内幕"。

虽然产品开发人员会觉得得到这样的结果很不公平，但没有办法，这就是现实。

对于开发人员和设计师而言，产品即是目的。他们为了制作优秀的产品会倾注所有。然而，用户的目的并不是使用产品，而是另有其他。测试中，仅仅是把用户的目的以任务的形式表示出来，并赋予用户动机。

如果用户为了达到目的而把产品看作了"认真使用的话反而无法使用"，那么很明显这个设计是有缺陷的。

5.3　简易实验室

5.3.1　测试地点

DIY 用户测试原则上不会使用产品可用性实验室，公司的会议室就可以当作实验室来使用。这种简易的会议室里会有三种人出入。

- 采访人员：你自己
- 用户（参与者）：你的朋友的朋友……
- 观察人员：你的同事及上司

根据观察人员人数的不同，简易实验室的准备方法也有所不同。

2～3 人的情况是大家围着一张会议桌坐下，用户坐在计算机前，采访人员坐在用户旁边，而观察人员则坐在用户的对面（如果房间足够大，也可以让观察人员坐在用户的后面）。另外，需要准备一个屏幕以便观察人员使用。

参观人员稍多的情况下（比如 5～6 人），可以用隔板或窗帘将房间隔开。隔板或窗帘没有必要高至天花板，因此活动分隔墙或者白板就足够了。只要能让用户和观察人员不互相影响就可以了。

若观察人员超过 10 人，或者测试过程中观察人员需要随时出入，这时就需要另设一间会议室了，可以借旁边或对面的会议室作为观察室。在两个会议室之间架设电缆，让观察室里可以收到实验室里的声音和画面。

观察人员　　　　　　　　采访人员　　　用户

▌观察人员人数较少时

▌观察人员人数适中时

▌观察人员人数较多时

5.3.2 测试设备

用户测试中需要同时观察用户的发言和行为。

虽然发言只是把文字说出来，但实际对话中的"啊""嗯"等语气词是很重要的。

行动是指操作手机、计算机的动作，再加上表情、身体语言、视线的移动等人类所有的动作。然而，要想完整且正确地观察、记录人类所有的动作并不是一件容易的事情，需要多个摄像头拍摄面部表情、手上的操作和身体的移动。另外，为了让视线的移动可视化，还需要装备眼球跟踪系统。

这些虽然都是非常有用的信息，但事实上，最重要的信息是界面上鼠标的移动和操作触摸屏时手上的动作。鼠标和手上的动作可以如实反应用户在操作时的轻松感或者困惑。相反，如果缺失这些信息，用户测试的价值也就减半了。

计算机

推荐使用测试专用的笔记本计算机。因为笔记本会配备外部输出的接口，可以直接连接观察人员使用的屏幕。如果测试对象是一般计算机上用的程序或网站的话，只需要看到页面和鼠标的动向就可以了，因此使用这样的笔记本计算机就足够了。采访人员可以坐在用户的旁边观察操作（必要时，可以使用多屏幕分配器，同时在多个屏幕上输出）。

另外，还需要准备录音的麦克风。计算机上的麦克风就很方便，或者也可以让用户带上耳麦。

如果观察人员和用户离得很近，应该可以清楚听到用户的发言。但如果是很大的会议室，或者另设观察室的情况，要记得另外准备麦克风和音箱。

智能手机 / 平板计算机

在使用手机或者平板计算机时，常出现不知道该按哪个按钮，或者明明点击了按钮，却在运行中突然返回了前一个页面的情况。人们常说眼为心生，在用户测试中的确是"手为心生"。

直接上手操作的产品，如果只是观察、记录页面上的变化，那是不能进行正确的分析的，还要观察并记录手上的动作。这种情况下，显然投影仪（Document Camera）就十分方便了。

投影仪可以将手中的资料放大到屏幕上，经常用于教学和演讲。ELMO、卡西欧、爱普生等为主要的供应商，价格在数万日元到十几万日元之间。如果是 IPEVO 或 SANWA Supplier[①] 在售的那种可以连接计算机的 USB 投影仪，一万日元左右就可以买到一台（也可以把摄像头架在三脚架上自制投影仪）。

■计算机

■智能手机 / 平板计算机

家电、车载导航仪、办公自动化设备

数码相机、电视、DVD 刻录机、车载导航仪、多功能数字一体机、打印机……这些都可以用来进行用户测试。要使用的器材虽然会因测试对象和测试目的的不同稍有差异，但基本上，使用家用摄像机配上三脚架，就可以摄像了。

虽然很多情况下都是把摄像机架在三脚架上拍摄，但如果能安排一位专门摄影的人，访谈的过程中就可以根据需要调整角度、调整界面大小了。有时根据需要，摄影师还可以手持设备摄像。如果需要同时在多个角度进

---

① IPEVO 和 SANWA Supplier 是日本的办公设备供应商。——译者注

行拍摄，就需要使用多部仪器了。小型的 CCD 相机、安装在天花板上的摄像头，有时还需要使用装在眼镜上的摄像头。摄像完成之后，还需要使用视频合成器合成。

但是我认为，软件开发过程中很少做上述测试，也只有 OOBE（Out-of-box Experience）测试会用到吧。OOBE 是指用户把产品从包装盒里拿出来直到开始使用的这个过程。大家都知道苹果公司的产品 OOBE 是很出色的。

举个例子，如果想对套装软件进行 OOBE 测试，一般会把计算机和产品套装交给用户，请他独立完成安装，并观察记录整个过程。这种情况下，只对着屏幕进行观察显然是没有意义的，要观察并记录用户从打开包装盒、确认盒子里的内容、把碟片装入计算机、翻看说明书等一系列的动作。

纸质原型

可能大家会有些意外，因为使用纸质原型进行的用户测试原则上并没有摄像的必要。

纸质原型的测试非常接近一对一的访谈形式。操作软件的动作不会很快（因为是手动进行的），而且用户的发言和行为多少有夸张的成分。因此，可以很好地观察用户操作时的样子，当场记录也很容易，完全不需要采访人员事后重新看一遍录像。

如果因为"想在别的会议室里观察测试""希望能够看到参与者放大的手势动作""希望留下测试记录"等原因不得不摄影的话，可以使用投影仪进行。也可以在参与者肩膀的位置拍摄屏幕页面。

专栏：DIY 投影仪

投影仪是相对比较贵的设备，但自行组装可能会便宜一点，而且因为可以拆卸，携带很方便。

组装投影仪所需的器材就是普通的摄像头和摄影器材。我自己的设备就能组装成投影仪，如果没有设备，YODOBASHI Camera 或 Bic Camera[①]也能买到。

自制投影仪的例子

● **所需器材示例**

① 微型三脚架：SLIK PROMINI III

② 伸缩杆：SLIK Pole Digital

③ 支架：ETSUMI 直支架

④ 摄像头：Microsoft Lifecam Studio

① ② ③ ④

集齐器材后就可以组装了，完全没有加工处理的必要。

● **组装示例**

1. 把伸缩杆插进迷你三脚架中。

2. 把支架装在伸缩杆上。

3. 把摄像头装在支架前。

我已经不记得手里的器材买的时候花了多少钱，但如果现在（2012

---

① YODOBASHI Camera（现在也翻译成友都八喜）和 Bic Camera（现在也翻译成必酷）都是日本的摄影器材商城。——译者注

年）购买大概相同的产品的话，差不多是下面这些价钱。

> 迷你三脚架：大约 5000 日元
> 伸缩杆：大约 5000 日元
> 支架：大约 1000 日元
> 摄像头：大约 7000 日元
> ---------------------
> 合计：大约 18 000 日元

这只是投影仪价格的几分之一，和 IPEVO 或 SANWA Supplier 里卖的 USB 投影仪的价格差不多。

另外，我用的是迷你三脚架和伸缩杆，其实用一般的三脚架也可以，这样就不需要伸缩杆了，而且便宜的三脚架哪儿都能买到。

5.3.3 录像方法

我们曾提到过，把测试录下来是为了事后重看分析，或者给那些没参加观察的人观看。然而事实上是很少能用到录像的。理由非常简单，每个任务 1 小时，5 人的话一共是 5 个小时，全部看一遍太浪费时间了。

即便如此，我们仍推荐在测试时录像。这是为了避免将来把时间浪费在无休止的争论上。观察人员的记录和记忆有时会有偏差或不确定性，因此经常会碰到不同的人对用户的行为有着不同解释的情况。这个时候如果没有测试时的录像的话，就会吵个没完没了。但只要重放一遍大家有歧义的地方，马上就可以得到共识。

计算机

使用计算机进行测试时，一般会使用"视频捕捉软件"进行录像（也支持同时录音）。

Camtasia Studio：虽然该软件原本是以进修、讲课、商务会谈等为目的开发的，但如今也广泛用于录像、编辑用户测试了。价格在 2 万～ 3 万日元左右。

Silverback：作为用户测试的专用软件广受好评。可惜目前只有 Mac版（且只有英语版）。它支持使用 MacBook 等内置摄像头捕捉用户的表情，并合成到录像里（PinP）。另外，它还支持使用 Apple Remote（红外线控制）加入小节缩略图。价格在 5000 日元左右，且有 30 天的试用时间。

AmaRecCo：免费软件，原本是为了录制电脑游戏并生成动画而开发的。它的一大特征是运行时对计算机造成的负荷很小。但是它的正规运行环境是 Windows 2000/XP（也有消息称可以在 Windows 7 上运行），而且它独有的视频解码是收费的。

此外，还有诸如 CamStudio（免费）、Bandicam（免费 / 收费）等软件。如果想了解更多内容，搜索"视频捕捉软件"，就可以得到更多结果。

无论使用哪种视频捕捉软件，最终生成的视频文件都会很大，因此请确保硬盘容量足够大。另外，也存在录到一半，视频捕捉软件崩溃导致不能继续录像的风险。

其他

非组装的投影仪大都支持把视频原样保存在 U 盘或 SD 卡里，一般也会附带支持连接计算机后可以录像的软件。

使用摄像头制作投影仪时，一般也可以使用摄像头自带的软件录像（Windows 的自带软件 Movie Maker 也可以录像）。

使用摄像机录像时，录像机本身会保存录像，或者可以外接刻录机进行保存。但是加工或编辑数据时，导出到计算机上来操作比较容易。

▌视频捕捉软件的示例

ⓒ 专栏：PinP

在图像中再显示一个小图像的功能叫作 Picture In Picture（PinP）。在用户测试中，通常会在主窗口显示计算机界面，在右下角（或右上角）显示用户的脸部。正规的产品可用性实验室里都会配备支持 PinP 的设备。

一般认为，在用户测试中 PinP 是必备的。因为用户在使用产品时的迷惑、惊讶、急躁、好奇、高兴等心理状态都可以从面部表情解读出来。

对于欧美国家的人（特别是美国人）来讲，这种从面部表情解读内心状态的确是可行的。他们在操作很顺畅的时候会表现出轻松的样子，如果操作遇到麻烦会皱眉，如果操作失败，马上就会表现出愤怒的样子。即使完全不显示操作界面的图像，只从他们的面部表情也可以猜出个大概。

相比之下，日本人的面部表情就显得极为匮乏了。无论在操作中遇到什么情况，多数用户的面部表情都不会发生变化。坦白讲，和欧美国家的人相比，日本人就像脸上带了一个面具。因此，即使用户的面部表情录了下来，在分析时也很难起到作用。

不仅如此，个人信息需要非常慎重地对待。近年来，在日本，把从正面拍摄到了用户脸部的录像称为 "最高机密" 数据也不为过。如果把这种重要的个人信息存放在大家共用的笔记本中管理，可能会威胁到企业的管理机制。

【结论】综上所述，DIY 用户测试中最好不要对用户面部表情进行录像，因此没有必要采用 PinP 技术。

（说几句题外话，做用户测试时面部表情比较匮乏的不仅仅是日本人。就我个人经验而言，韩国人和中国人的面部表情也没什么变化。另外，听同行的一位朋友说，芬兰人也没什么表情变化。）

PinP 示例
在界面的右下角显示正在操作的用户的样子

5.4 访谈

采访人员根据在准备阶段时做成的访谈指南来推动测试。首先，为了迎接用户的到来，马上处理录像许可等前期事务，之后进入一问一答的事前访谈。到目前为止，都是采访人员在主导测试，但是，其职责也就到此为止了。

一旦进入测试的核心部分，即任务执行观察阶段，采访人员的主导地位就直转急下了。如果你认为采访人员之后也将继续扮演向用户不断提问的角色，那就大错特错了。用户测试的主角是用户，采访人员应该"披上隐身的斗篷"，尽量隐藏自己。

5.4.1 不提问、不回答

在测试的过程中千万不可以向用户提出类似于"您认为哪个部分不太好?"或者"您认为怎么改比较合适?"这样的问题。用户既不是分析人员，也不是设计师。在测试中对用户提出的要求只能是"请认真完成任务"。考虑产品中究竟存在什么问题、应该如何改善的人，应该是作为开发人员的你（及同事）才对。

另外，不可以回答用户的提问。如果用户问"这个按钮可以按吗"之后，采访人员回答"可以"，那么这个测试就前功尽弃了。但如果采访人员不予理睬，用户会觉得自己被无视了，心里会不高兴，这会影响测试的气氛。因此，如果用户提问，采访人员可以反问回去。比如用户问"这个按钮可以按吗?"采访人员可以反问"您觉得可以吗?"把问题踢回去。

用户测试的基本原则是正确地传达指示后，让用户自由发挥。先让用户了解任务的目的，之后在原则上不给予用户任何帮助，不会向用户提问，也不会回答用户的问题。采访人员对用户的操作不肯定也不否定，应该让用户独立完成任务。也就是说，只告诉用户"要做什么"，而"如何做"则完全是用户自己要考虑的。

因此，用户在未能了解任务目的的情况下是不可以开始测试的，采访人员应该反复说明直到用户完全理解。此时需要通俗易懂地说明，或者回答用户的提问，但是请一定要注意不要在不经意间给用户提示。为了避免上述问题，需要在设计测试的阶段反复斟酌提示任务时的用词和信息提示卡片上的内容。

较差的访谈示例
这样的访谈形式乍看上去可能会觉得很好，但访谈人员"不向用户提问"是必须遵守的规定

5.4.2 实况转播

用户测试最大的特点就是请用户一边操作一边把心里想的内容说出来，即发声思考法。

发声思考法听上去好像是一个非常难懂的专业术语，但实际上就是"实况转播"的意思。如果能让用户在执行任务时，随时把现在想的内容、接下来要做的内容和为什么这样想等主动说出来，采访人员就能掌握用户关注的是界面的哪个部分、如何理解它们的、最终采取了怎样的操作等内容。

　　但是，实际操作起来并没有这么简单，因为绝大多数用户是不会把自己想的内容说出来的。无论在任务开始前和用户说了多少次请一定要在测试的过程中说出自己想的内容，用户在进行任务时也不会说。理论上应该是由用户主动说出心中所想，但实际操作中，还是需要采访人员适当介入，引导用户发言（否则用户是不会说话的）。

▌比较好的访谈示例
采访人员的职责是引导用户（对测试）做实况转播

　　原则上，只要用户操作得很顺利，就没有介入的必要。因为如果莫名其妙地介入，用户会很恼火。但是，千万不可错过用户发出的"嗯""啊"这些疑问词。如果在这时委婉地询问，用户自然会开口说话。

　　采访人员在介入测试时经常会用到的语句。
- 您现在在看什么?
- 您现在在想什么?
- 您现在在做什么操作?
- 您觉得接下来怎么做比较好?
- 这是您想要的结果吗?

- 您之前觉得会变成什么样子？
- 您之前为什么会这样想？
- 您现在觉得怎么样？

用户的疑问并不都是通过声音表达出来的。比如说，凝视屏幕、把脸贴近界面、稍稍转了一下头、突然停下动作或停止说话等，这些都暗示了用户此时对操作有疑问，因此，采访人员应该留意用户的动作行为。

但是，在测试的过程中，采访人员切忌不可随意揣度用户的行为并抢先给用户提示，比如"这个部分似乎很难理解""这块内容好像读不太懂"等。因为采访人员真正的职责并不是自己做实况转播，而是引导用户来做。

5.4.3 事后询问

用户测试中都会让用户说出思考的内容，但因为各种各样的原因，往往并不能如愿获得想要的信息。

未能获得发言的示例如下。

- 未能察觉到用户的疑问
- 错过了介入的时机
- 尽管试着介入，但用户一心想完成任务，没有理睬
- 碰到非常不善于言谈的用户
- 用户说了话，但采访人员没听懂

遇到这种情况时，也可以在事后询问"您刚才在○○界面做了 ×× 操作，能说一下为什么这么做吗？"这种做法和发声思考法相比，可能会让人觉得不靠谱。但其实这就是被称为回顾法（Retrospective Method）的另一种用户测试方法，因此，请安心使用。

另外，以防万一，在这里要先说明一下，一定要在任务完成后再使用回顾法。因为如果在任务执行过程中向用户提出"您刚才在○○界面做了 ×× 操作，能说一下为什么这么做吗？"这类问题，很可能会打断用户的思

路，或者会让用户回到刚才的界面做说明，所以采访人员绝不可干扰用户对产品（任务）的认识过程。

回顾法
回顾法要在任务完成后使用

5.5 观察

如果用一句话来表达用户测试的效果，我认为"百闻不如一见"最合适。要想深刻理解"在开发人员眼中理所当然的事情，在用户看来不可理喻"的道理，没有比在眼前观察用户行为更有效的方法了。

5.5.1 增加"目击者"

是否有观察人员也会影响到用户测试能否成功。用户测试的"观察"和"目击"是一个意思，只要是自己亲眼所见，无论是多么有冲击性的结果，心里也不得不接受。因此，用户测试的目击者越多，越有利于迅速做出重大决定。

相反，如果谁都不来参观，"目击者"就只剩下你自己了，而测试的结果往往都不是决策人和开发人员想要的（比如推倒重做）。此时，如果你的说明不能说服别人，那么就不会有人相信你的"目击证词"。

但在实际操作时，很难让所有的相关人员都来观察用户的操作，此时，应该尽量让"有话语权"的人优先。如果你作为观察人员陷入争论，他/她就会成为你强有力的支持者。

另外，在制定测试时间时，应该尽量安排可以让每个观察人员参加三场以上测试的时间。因为如果只参加了一场，很容易只根据这一位用户的言行决定产品的设计，这样做是非常危险的。甚至在有些情况下，这样的决定比完全不参加观察用户测试的后果还要严重。

5.5.2 观察的礼仪

如果和用户在同一个房间里观察，肯定会给测试带来影响。但如果观察人员注意一下，是可以把影响程度降到最小的。

　　和几个第一次见面的人在同一个房间里，用户可能一开始会不太自在。但随着和采访人员对话的展开，这种不自在会慢慢消失，直到进入实际执行阶段，甚至会忘记观察人员的存在。为了达到这样的目的，观察人员必须遵守一定的观察礼仪。

　　打招呼：观察人员应该在一开始就大方地和用户打招呼，接着明确地告诉用户自己和他在同一间屋子的原因。之后，随着时间的推移，观察人员的存在感就会慢慢消失。相反，越是小心翼翼恨不得把自己藏起来，越是容易让用户注意到。

　　不注视：人类对别人的视线格外敏感，而且一旦感觉到别人的视线，言行就会变得拘谨。因此，观察人员不要盯着用户看，特别是在观察中要尽量避免和用户的视线接触。那么，应该看哪里呢？只看面前的屏幕就足够了。

　　不发声：不用手机自不待言，就连观察人员之间的窃窃私语、叹气以及清嗓子的声音都是禁止的。记笔记时也请尽量轻声，特别是在用户做了某项操作后。如果观察人员在用户做了操作后马上开始记录，会让用户怀疑自己的操作是不是有什么问题。

　　不介入：在刚见面和用户打过招呼后，观察人员应该尽量让自己"隐身"。可以和用户对话的只有采访人员，可以催促用户发言的也只有采访人员。坐在用户对面的观察人员绝对不可以向用户搭话。

参观人员的心得体会
不动、不说、不看——观察人员应该尽量隐身，不让用户感觉到自己的存在

禁止事项很多，一开始做观察人员可能会觉得困惑而很难把握。简单来讲，观察人员就是要降低自己的存在感，不动、不说、不看。

当然，如果不能遵守这些规矩也无需强求，只要另准备一间观察室即可，这样大家就可以轻松地观察了。

5.5.3　观察的技术

虽说是观察，但可能很多人不知道要以怎样的方式观察哪些内容。是把需要观察的内容整理成列表，使用"读心术"看透用户的内心，还是速记用户的所有行为？其实，这其中的任何一种都没有必要。

用户测试中只需观察"在什么页面发生了什么"，以及当时"用户说了什么"就足够了。接着，把这些事实如实地印在脑海里（因为不可能记下用户的所有行为）。

如果是带着有色眼镜来观察，只会歪曲事实。比如，某设计师带着想要证明自己的设计是正确的想法来观察测试，这样一来，他只会记得自己的哪些设计提供了很好的功能。相反，如果是带着寻找他人的设计错误来观察，就只会记得有多少人最终操作失败的场景。

另外，不要把观察等同于分析。"应该把这个标签颜色改得更亮些"，这是分析的结果，而不是观察的结果。现在是观察的阶段，分析工作等收集完所有观察数据后再进行。

最重要的是，请不要被"用户的声音"迷惑。虽说用户的发言是极为重要的信息，但类似"喜欢/讨厌""我觉得"这些用户的感想和意见并不可靠，千万不要根据参加用户测试的几位用户的主观评测做重大决定。

而且，用户测试中观察到的并不全是差强人意的内容，也有好的地方。用户轻松顺利完成操作的场景也要如实地印在脑海中，这样做可以避免越改越差。用户测试绝不是"鸡蛋里挑骨头"。

目看耳识，加深印象
并不需要观察人员拥有"读心术"这样的特异功能。能够把用户
的言行如实印在脑海中就可以了

专栏：用户真的喜欢优惠吗

　　正规用户测试的参与者大多是从在线监测网站的注册会员中挑选出来的，像这样的在线监测员大多会同时注册多个问卷调查网站或悬赏网站，对他们而言，网络就是赚点小钱的地方。

　　即使这些人的动机是赚点零花钱，也并不意味着他们会偷工减料，不好好完成任务。只要测试设计和用户筛选做得比较妥当，基本就不会出现问题。

　　然而，一些感情因素就另当别论了。这些人平时就希望能从互联网上获得尽可能多的好处，即使是执行任务，这种想法也不会改变。这类用户就像商场里对打折有强烈反应的顾客。在发声思考法的过程中，也经常能听到关于"好处"的内容。

　　用户测试中不应该对用户言听计从。因为意见会因环境的变化而变化，而且很容易受到个人属性的影响。不能因为 5 ~ 6 位用户说"我们对优惠信息抵抗力很弱"，就在自己的网站堆满了优惠广告。

专栏：发声思考的理想与现实

发声思考法是用户测试中的代表方法，也是"说起来容易做起来难"的典型。事实上，即使是专业的产品可用性工程师也有很多困扰。

● 不自然的事实

虽然在发声思考法的测试前会要求用户一边说出心中所想一边操作，但会有不少用户面露难色。大家有过"说出自己思考过程"的经验吗？一般都没有过类似的经验吧，因此即使被要求这样做，也不知该如何是好。当然，其中肯定存在善于使用发声思考法的用户，但是我认为最好假设大部分人不知道该怎样做比较稳妥。

在进入测试阶段之前，可以先通过计算或简单的智力问答来练习发声思考法。但是，短短 5~10 分钟的练习并不能改变用户的习惯。在练习时因为把注意力都放在了说话这件事上，所以可以做到，但等到开始做任务时，注意力都放到操作上，就不会说话了。而且，即使用户开了口，有些女性用户声音太小了，根本听不清楚她说的是什么。此时，就不得不要求用户大点声。

那么在用户眼里，此时的场景就变成了在一个很奇怪的整面墙都是镜子的房间（产品可用性实验室）里，除了自己还有一个第一次见到的人，还需要把正在思考的内容用比平时大的声音说出来，同时还必须在一个第一次使用的界面上执行任务。这些对用户而言，是一个非常不自然，并且压力很大的状态。

● 理想与现实

理想状态下的发声思考是自言自语，不是对其他人说话，而是对自己说话。比如，我们在想中午要吃什么时，先会想到"昨天晚上吃的日料，要不今天就吃……"等内容。像这样，发声思考应该在非常自然的状态下进行，不可以勉强。而且，所说的内容也并不是思考过程的实况转播，而是一些片段，并不完整。

另外，原则上采访人员不应该对用户做出回应，因为发声思考法本来就是自言自语。但如果实际操作中采访人员不做任何回应，会发现用户的话越来越少。这是因为在日常生活中大家的常识都是"没有反应 = 对你说的话不感兴趣",所以用户的心情会变得越来越差,以致最后根本不想说话。

如上所述,发声思维的理想与现实之间存在很大分歧。如果测试的目的是为了研究,那么应该让现实尽量接近理想。比如,让用户反复练习,直到他们习惯实验室的环境和发声思考的方法,踢掉那些无法掌握发声思考法的用户。另外,反复观看录像,并从那些片段、不明确的话语中推测出心智模型,这也正是研究的根本目的。

然而,测试地点并不是大学的实验室。如果每个人在发声思考的练习上花 30 分钟,或者剔除那些无法掌握发生思维法的用户,都有可能在预算和规定期限的范围内无法得出评测结果。另外,对开发团队的成员而言,测试中用户的一句话,往往能比分析出来的心智模型带给他们更大的冲击。

还有,实际操作中采访人员往往会介入到用户的发声思考里,介入的方式不仅仅是催促用户"您现在是怎么想的?"也不仅仅可以询问原因,比如"您刚才为什么没有点击 OK 按钮,而是选择可清除按钮呢?"还可以询问用户的主观评价,比如"您现在感觉如何?"还有,当发现用户不知所措时,要"搭把手"(比如给出暗示,或者根据需要指引用户进入下个步骤)。并且,在任务完成后,有时还需要运用回顾法向用户提问。

无论是上述哪种情况,像这样从采访人员和用户的对话中得到的信息,已经不只是用户的自言自语了。一旦采访人员介入,用户就会停下手上的操作或抬起头看着采访人员说话。用户显然是要面对采访人员才能说话的。

● **用户会说谎吗?**

发声思考虽然称不上是自言自语,但也不能认为用户所说的话都是假的。只是,用户在无意识的状态下可能说出的是他理解错误的内容。这种错误的程度可能会随着时间的推移越来越严重。比如回顾法中,等任务完成后再来回答提问时，随着时间的推移，大脑会再次处理之前考虑的内容，因此，想再现和操作过程中完全一样的状态是非常困难的。

这种情况下，我个人是按照如下的思考方式处理数据的。如果针对采访人员的介入，用户马上回答的话，就认为他回答的内容即为当下思考的内容（即可信赖的内容）。相反，如果是沉思片刻后做出的回答，就可能是经过处理的想法了。

其实很多情况下是可以得到用户的快速答复的，而且通过采访人员在测试前半部分的介入，你会发现用户的回答越来越流利，到后半部分，他们的发言会更加自然。虽然介入用户的操作很可能让用户觉得你对他的操作有什么想法，但我认为用户在做出了不明所以的操作，又没有给出解释时，采访人员是应该以某种方式介入的。毕竟，我们测试的目的就是为了理解用户的行为。

● **精确度和可用性**

像这样在测试现场运用的发声思考法和在心理学研究中使用的同种方法存在精确度上的差异。关于数据精确度的争论很难得到结果。正统派的人士认为"收集那些信任度很低的数据能起到什么作用呢"，而现头派则提出完全相反的意见，认为"这些数据在现场起到了非常大的作用"。

在某调查报告中，萩原雅之（Internet Suvery ML 主办人）针对这个争论提出了自己的见解，虽然不是针对用户测试，但是对我们的争论有一定的参考价值，因此在这里引用一下。

"正确的调查和有用的调查两者具有差异。在舆论调查中，调查结果本身就是最后的结果，因此只能靠保证过程的正确来保证结果的正确。而另一方面，在市场调查中，因为是为了让企业做决策而进行的调查，所以并不要求调查过程是'正确的'，只要结果'有用'就行了。"[①]

---

① 引自独立行政法人劳动政策研究、研修机构发表的《网络调查是否可以用于社会调查——实验调查的检验结果》，P46。

5.6 分析

5.6.1 张贴

通过在用户测试中的观察，能够得到的数据主要是定性的数据（本质的数据）。

- 用户自然而然的行为
- 由采访者引导出的用户的发言
- 参观人员亲眼所见、亲耳所听的事实

若想把上述数据参照录像进行详细地检验，那很可能需要花费大量时间。因此，DIY 用户测试中，原则上只依靠参观人员的记忆来进行分析。但是，因为人类的记忆会迅速变化或者衰减，因此，应该尽早进行数据的"可视化"。

当然，等所有的任务完成以后再来记录观察笔记也是可以的，但在观察的过程中，不停地把记录写在卡片上，并贴在类似白板上会更有效率，精准度也会更高。这是因为在这个过程中，你也会受到其他参观人员的观点的启发。

卡片里记录的内容可以是参观人员从任意角度出发观察到的事实，但是为了避免将来发生没有意义的争论，以下两点内容希望大家关注。

1. 所记述内容不应该是所谓的"注意点"，而应该是观察到的"事实"

比如，"看上去使用起来不方便"这个是参观人员的主观判断，而"用户似乎在选择编辑菜单时比较困惑"这个才是观察到的事实。也就是说，所记述的内容必须是将来通过视频可以确认的东西，即用户"做了什么"或"说了什么"。

2. 请从"用户的角度"进行记述

比如，"没有返回按钮"并不是从用户视角出发的记述。用户希望使用的并不是具体的返回按钮本身，而是想要"返回上一层页面"。也就是说，应该记述的内容是"（用户）不能返回到上一层页面"（如果从用户的角度进行记述，句子会自然而然地以"用户"为开头）。

▌张贴
把观察到的数据写下来后，贴在墙壁或者白板上

　　如果参观人员之间对某个重要点的认识产生了不同意见，那么首先应该向采访人员求证。因为采访人员的位置要比参观人员更接近用户，因此对用户的言行的记忆也更深刻。如果连采访人员都记得不是很清楚，尽管有些麻烦，也只能大家一起通过观看当时的视频来确认了。

5.6.2　映射

　　等所有的任务完成，并把观察得到的数据大概写下来后，就可以进行以任务或者界面为单位的总结了。此时，如果把项目中的实际界面投影到墙壁上，或者把打印出来的页面贴在墙壁上，再把观察到的数据贴在对应位置上（这即是所谓的"映射"），就更能加深理解了。

　　特别是把打印出的页面按照页面流程图的顺序贴在墙壁上，并把观察得到的数据，逐一贴在对应页面的对应部位上的话，就可以做到全局察看测试中所观察到的多个用户的行为了。如果这些用户的纸条集中贴在某些部位上，就可以清晰看出该产品经常会被用到的部分了。

另外，卡片本身就可以激发分析者的灵感。如果某个特定的页面里贴付的卡片特别多，显然是有问题。再比如，总体来看所有页面的下半部分都集中了不少卡片，或者虽说任务不同，但相同布局的页面里集中了不少卡片，这些现象都值得注意。这些都是查明问题的根本原因时用得上的重要线索。

另外，这些映射结果的照片，也可以作为你的报告内容。正规的用户测试中，含有页面照片的、所谓"任务执行观察结果"的项目就占了报告的很大比重，在 DIY 用户测试中，拍摄映射结果的照片就基本能够达到相同的效果。

映射
把界面和观察数据相关联

5.6.3 影响度分析

现在假设有 5 人参与了测试，平均每人发现了 10～20 个问题点，除去重复的部分后，大概可以总结出 40 个问题。然而，哪怕发现了这 40 个问题，开发团队却很可能会因不知从何着手而陷入混乱。用户测试如果只是指出了问题内容，却不能标明每个问题的重要度（影响度）的话，其成果也就无法很好地得到利用。

因此，下面我们从"问题性质"和"发生频率"两个方面来分析影响度。

我们通过"效果问题＞效率问题＞满意度问题"的顺序来评测问题性质。效果问题是指会导致用户很难完成任务的一类问题。效率问题是指会让用户感到困惑，或者导致用户做无用功的一类问题。而满意度问题则是指会导致用户表达出不满或不安情绪的一类问题。

发生频率主要通过发现问题的人数来决定。但是，人数的数字本身并没有什么特别的意义。我们一般通过"1 人、几个人、所有人（几乎所有人）"三个范围来表示发生频率。比如说，如果参与者的人数是 5 人，就分为"1 人、2～4 人、5 人"三类；如果参与者人数是 10 人，就分为"1 人、2～8 人、9～10 人"三类。但是，这个界限划分并不严格，有时也会根据实际的问题发生频率进行调整，比如 5 人的例子调整为"1 人、2～3 人、4～5 人"三个范围。

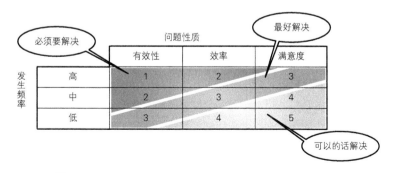

影响度分析
评测问题的重要程度后定义其优先级（数字大小表示其优先级高低）

接着，把问题性质与发生频率相乘，就可以得到 9 个小方格。如果把处在相同对角线上的问题定义为拥有同等影响度，就可以把所有问题分类成"从所有人都发现的效果问题（优先级 1：最为重要的问题）到只有 1 个人发现的满意度问题（优先级 5：最为轻微的问题）"这 5 个层次了。

请注意，DIY 用户测试的窍门正是提炼出必须要解决的问题数。哪怕一心想解决用户测试中发现的所有问题，现实中也无法做到。因此，正像美国著名的产品可用性咨询师史蒂夫·克鲁格所提倡的"1 次的测试中，最多罗列出 10 个要解决的问题点"一样，对发现的问题点来一次大瘦身吧。

专栏：任务完成状况一览表

用户测试中所设计的任务，一般都是决定产品成败的重要任务。不能成功购买商品的网络商城、发个短信都要历经千辛万苦的手机，肯定是无法在市场中存活下来的。因此，开发团队（尤其是产品经理和产品负责人）一般对用户测试中的任务完成情况比较关心。此时，如果能做成一份可以一目了然看清全部测试结果的一览表，就非常有帮助了。

这里，我将任务完成情况区分为如下三个阶段。

○：用户独立完成的任务，且其中基本未发生混乱或绕了弯路。

△：虽说用户独立完成了任务，但是期间绕了弯路，或者被观察到在操作中有出现困惑的情况。另外，也包含用户表达了强烈不满的情况。

×：用户被认为未能独立完成任务的情况。

但是该分段评价含有较大的个人主观判断成分，并不严谨。因为在提炼问题点时，也会把具体而细节的小问题一同列出来，因此执行任务过程中，一个问题也未能发现的任务是极少数的。但是，如果因此而导致所有的任务都不是○，而是△，特地做成的一览表也就失去了其存在价值了。

因此，哪怕用户在操作中存在些许的失败或者困惑的情况，只要整个流程都是用户独立完成且可以称得上顺利的话，就给予○的评分。也正因如此，有些任务哪怕实验者全员都得到了○的评分，之后又被指出问题的情况也并不少见。

而且，原则上来讲，绝不会在任务完成状况一览表里计算"任务达成率"。哪怕5人中有4人的得分是○或者△，也决不能宣称"该项任务的达成率高达80%"。因为使用了低采样率的发声思考法的用户测试，并不适用于定量分析。

	参与者A	参与者B	参与者C	参与者D	参与者E
任务1	○	○	△	△	○
任务2	×	△	×	△	×
任务3	△	△	×	△	△
...					

▌任务完成状况一览表
可以一目了然地看出到底是哪些任务被发现了很多问题

5.7　再设计

5.7.1　交谈比文档更值得重视

敏捷开发宣言（Manifesto for Agile Software Development）里提倡的理念之一即是"工作的软件高于详尽的文档"。

我们当然不能把它理解成"在敏捷开发中完全不需要写文档"，但是在敏捷开发的第一线，与文档相比，确实要更重视面对面的交谈。敏捷开发宣言里也记述了相关的基本原则——最具有效果并富有效率的传递信息的方法，就是面对面的交谈。

DIY 用户测试的报告正和敏捷开发中的文档类似。就像在软件开发中，无论有多么完备的文档，也并不一定能够保证软件切实可用一样，无论你如何增加测试报告的页数，也并不能确保一定可以提高产品的用户体验。

但是，我们仍然推荐做一份"最低限度"的报告。所谓最低限度，是指具备任务完成一览、映射结果清单及附带优先级的问题点列表等必要元素、大概 3～4 张 A4 纸程度的简单报告。这种程度的报告在分析结束后，花上个 2～3 小时，再添加上映射结果的照片，就可以发给相关者了。

对 DIY 用户测试而言，超过这种程度的报告，明确来讲就是无用功。花上 1～2 个星期来制作测试报告那就更不用说了，因为参观了测试的开发人员、设计人员会在当晚或者第二天就着手设计变更了，如果此时他们还未拿到此次用户测试的第一手报告，也就没有任何价值了。毕竟我们的最终目的是提供产品的用户可用性，而不是制作考究的报告。我们不应该把时间浪费在谁也不会去看的厚厚一摞的报告书上，而是应该把时间花在和开发人员、设计人员一起研究问题的解决方案上。

开发人员

项目经理

设计人员

▌交谈比文档更值得重视
▌直接交谈要比厚厚一摞的报告书要更有效果

5.7.2　解决问题

有 10 个问题就用 10 个对策方案来解决的做法，很可能会导致事态进一步恶化。对所有问题进行　对　的"治疗"只会导致最终产品里到处都是"补丁"，从而导致产品的复杂程度增加，最终让用户感到更加困惑。

有 10 个问题并不意味着就一定需要 10 个对策。如果能够深入分析每个问题的内部构成，就能够做到一个对策方案解决多个问题点。而且，若是能够解决产品里导致用户体验不好的最为深刻的根本问题，就能够让产品的品质得到质的飞跃。

另外，优秀的创意往往简单到让人意外。很多情况下，往产品里新加入些什么功能并不能从根本上解决问题。反而是去掉些什么或者调整下位置、顺序，或者改变下方向这种小的改变能够带来更大的成果。

切忌不要总想着尽善尽美。哪怕是想出了新技术发展带来的"划时代"的解决方案，什么时候能够实现也还未可知。另外，如果总是想着"是不是还有更好的解决方案?"往往会导致迟迟下不了决定。而 DIY 用户测试的解决方案，应该在当天晚上或者明天，最迟也只能在下一个星期内就必须得到实施。

　　但是，创意简单也并不意味着实现起来就一定也很简单。因此，在研究解决方案时，必须邀请开发人员、设计人员一起参与集体讨论。

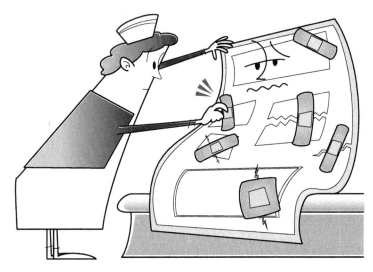

┃解决问题
想着逐个解决问题反而会导致事态恶化。如果能够查明问题的根本原因并加以解决，哪怕是小小的变化也能带来品质的飞跃提升

5.7.3　反复设计

　　在本书中，我有意识地不使用"解决对策"而是使用"解决方案"一词。因为无论是多么优秀的解决方案，如果不在实现（或者是制作原型）后再次通过用户测试来验证效果，也不能够称之为解决对策（Solution）。解决方案只不过是一种"假设"罢了。

　　提倡"5 人用户测试"的杰柯柏·尼尔森博士也推荐"反复"进行用户测试。比如，如果有 15 人参与测试的预算，不是一次性招募 15 人进行用户测试，而是分三回、每次 5 人进行。

　　如果一次性就让 15 人参与测试，对开发团队而言，意味着就只有一次机会，这样也就没有试错的余地了。就是说，如果此次用户测试不能够通过，产品说不定就不能如期公开了。若这 15 个用户不停地发现问题，开发团队就会不知如何是好了。

若是反复进行测试，虽说首次测试中开发团队会受到强烈打击的这点不会有任何的变化，但是对整个团队而言，仍然还有两次机会。开发团队根据第一次用户测试的结果，分析被误解的原因，从而构思出新的设计。在紧接着的第二次用户测试里，虽说很多解决方案会被验证可行，但是仍然可能出现部分解决方案被否定的情况。接着，开发团队再次根据前面两回测试的经验来迎接第三次设计的挑战，可以确定的是，最终在第三次的测试中基本所有的问题都得到了解决。

反复实施小规模的用户测试和让开发团队保持与用户持续的沟通是一样的。要想得到改善，却止于单方面的沟通，是不能够排除掉那些来自开发人员"自以为是"的设计的。而通过再次用户测试，就能够发现自己的解决方案里哪些是确实有效、哪些是不得要领的，从而能够从更深的层面上理解用户。

另外，随着用户测试的反复进行，开发团队的能力往往也会逐步提升。哪怕一开始只有 5 成"命中率"的团队，再经过三次用户测试的"洗礼"后，也能够做到基本解决所有问题。如果是反复进行相同环节的测试，哪怕只观察一两个用户（当然，精确度可能会有所下降），也能找到问题点并研究出解决方案来。

测试

分析

（再）设计

试制

反复设计
以用户为中心的设计的最大原则即是反复进行试制和测试

专栏：小变更带来大成果

用户界面上的一点小差异带来的用户体验却可能大相径庭。接下来为大家介绍几个经典的产品体验设计师们奋斗的小故事。

● 一目了然

在手写框内写出不知道发音的汉字，程序就能自动识别并给出候补菜单的"手写文字输入"功能是日语 IME 里一个很方便的功能。但是，正是这个功能，在试制阶段，出现过各种各样的问题：用户不知道该如何操作，或者在只能写入一个字的框内写入好几个字。经过反复试制，最终设计成手写框内一开始就会默认显示"宀"并给出其候补一览的样子。

（出处：黑须正明，《ユーザビリティテスティング》（产品可用性测试），共立出版社，2003）

● 倾斜 13 度

　　JR（日本铁路公司）东日本的 Suica 自动检票系统在最初的试制阶段时，不能正常通过自动检票口的人数高达一半左右。当时，对于完全没有 IC 卡使用经验的人们而言，他们连刷卡的地方都找不到，更不要说把卡放在感应器上轻轻一刷的要领了。通过试错后最终找到的解决对策其实很简单。"向着用户稍微倾斜一点（13 度）的感应面板"诞生了，这就是现在大家见到的读卡机的形状。而正是这么细小的一点变化带来了检票率的急剧上涨。

（出处：山中俊治，《デザインの骨格》（设计的精髓），日经 BP 社，2011）

● 两个单词

　　某个海外邮寄网站曾经发生过一个严重的问题：收件人和寄件人栏里的内容经常被填反。为了解决这个问题，设计人员想了很多方案，比如改变表单的格式，添加自动检测规则，等等。然后最为有效的一个方案却是其中最为简单的那个：在填写项目的标签里加入"您的"和"他们的"两个单词。即，送件人的信息为"您的姓""您的名""您的地址"，而收件人的信息为"他们的姓""他们的名""他们的地址"。就这么一点修改，完美地解决了问题。

（出处：Whitney Quesenbery，*Storytelling for User Experience*，Rosenfeld Media，2010）

专栏：推荐使用头脑风暴法

　　在以用户为中心的设计中，会议扮演着极其重要的角色。特别是轮流实施建模与检证的反复设计中，必须要合全团队之力才能解决问题。头脑风暴法（Brainstorming）对引导开发团队发挥全力十分有效。

● 头脑风暴法的 4+3 原则

　　正式的头脑风暴法与普通的会议在目的及运作手法上大不相同。

　　① **严禁批判**：普通的会议把击败来自其他与会人的批判，使得自

己的观点被采用作为目标。而头脑风暴法则绝对禁止对他人进行批判。也就是说，那些不会提出方案、只会对别人的方案说三道四的人是不受欢迎的。也正是因为这条原则，头脑风暴法永远没有陷入那些毫无意义的无休止争论中的担忧。

② **自由奔放**：进行头脑风暴时任何离奇（不能实现）的方案都是受欢迎的。因为也许只有提议者自己才觉得这个方案离奇而已，对其他人而言，只要稍加努力就能实现也说不定。另外，哪怕真的是离奇的观点，说不定也能触发别人的灵感。

③ **量比质重要**：对，你没有看错，不是"质比量重要"。与提出精炼再三的一个方案相比，头脑风暴法更重视可以收到尽量多的方案，哪怕这些方案还不成熟或者不完善。因为哪怕是不完善的方案，不完善的部分可以由与会的其他人来完善。头脑风暴法确确实实是一种"风暴"式的方法。

④ **欢迎搭便车**：另外，在头脑风暴法中，完善、修改他人的方案，或者把多个他人的方案整合成一个方案后提出的行为完全可行。完全不用担心原方案提出者会有意见。

以上介绍的是广为人知的头脑风暴法的四项基本原则。除此之外，美国知名设计公司 IDEO 也提出了以下三个要领。

⑤ **可视化**：不依赖语言描述，而是把方案画出来。因为不管是否善于绘画，与单纯说相比，一边画流程图、图表、示意图等，一边来口头说明的方式，更容易让自己的方案被其他与会者理解。

⑥ **严禁跑题**：虽说自由奔放也是集体讨论的基本原则之一，但必须要把话题限定在一定的范围之内。一旦发现有跑题的情况，就应该立即制止，避免会议的讨论偏离方向。

⑦ **每次一人发言**：必须保证有人发言时，其他的与会者都在认真地倾听。绝对禁止打断发言，或者表示嘲笑的态度。

● **以用户为中心的会议**

如果已知的设计原则、设计技术就足够解决可用性问题，也没必要非要实施头脑风暴法。只要采用设计团队里知识面最广、经验最丰富的设计师的意见就足够了。

不过，那些在用户测试中发现的问题，往往谁也没有正确的"答案"在手。哪怕是那些乍一看很不错的方案，实际建模测试下来发现完全不可行的例子也并不少见。可用性问题的解决方案，除了在不断试错中来完善外别无他途。如果是普通的会议，因为参加者之间存在"到底会采用谁的方案呢？"这种竞争的一面，所以会议实施的前提是每个方案的成熟程度必须比较高。如果谁也没有成熟的方案，这种会议哪怕开了，也会马上陷入不知何去何从的境地。

而头脑风暴法则恰恰相反，与会者之间不是"竞争"而是"互助"的关系。只要在遵守上述原则的前提下展开会议，与会者不会把精力浪费在"让自己的提案采用"上，而是同心协力，一心为用户讨论解决方案。

可以说头脑风暴法是可以与背景调查法、用户测试等经典方法相匹敌的，对以用户为中心的设计来说是非常重要的手段。

5.8　隐私与伦理

5.8.1　个人信息保护

用户测试中必定会使用到个人信息。万一不小心把个人信息泄露出去，会导致什么样的严重事态，相信只要看看最近的新闻就能想象得出来了。本书的范围并不包含如何构建取得 P-Mark 认证的个人信息管理体制这类内容，但是下面还是为大家介绍一些日常工作中肯定可以碰到的基本注意点。

首先，尽量避免获取个人信息。DIY 用户测试并不需要确切的出生年月日、地址、工作等信息。当前只要对方提供姓名、邮件地址、手机号码等基本信息就可以招募了。如果纯粹因为感兴趣而不考虑后果去收集个人信息，最终结果往往只是让自己遭殃。

另外，获取到的个人信息要尽量做到匿名化。比如，招募的负责人必须要知道参与测试的人员的姓名，但没有必要把这些信息透露给采访人员、参观人员。实际操作时只要有一些代号就足够了。比如可以通过张三、李四这些名称来区分不同的参与者。并且，进入分析阶段后，就会完全用类似参与者 1、参与者 2 等代号来标记实验者了。

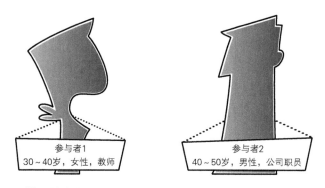

参与者1
30～40岁，女性，教师

参与者2
40～50岁，男性，公司职员

保护个人信息
一旦实际观察结束后，就对参与者的个人信息进行匿名化、符号化

拍下来的视频，原则上只能在你的管辖内被查看。千万不可公开到 Youtube 等视频网站上。

然而，在支付报酬时，还是有必要让对方在收据上记入正确的姓名、地址和电话号码。这些收据就交由公司的财务来管理了。

5.8.2 伦理上的责任

对于用户测试而言，应付的伦理上的责任，简单来说就是"不要让参与者感到不愉快"。

用户测试中存在对参与者施加精神层面、肉体层面负荷的"人体试验"的一面。因此，理论上只有在"因实施该试验而得到的社会利益超过不实施该试验而可能招致的社会损失"时，该试验才会被得到认同。实际上，在医学、心理学等领域设有高度的伦理规定，而实施临床试验，更是需要得到伦理委员会的批准。

通常的用户测试并不存在这么深刻的问题。一般而言，对实施用户测试可以得到的利益和不实施导致的损失进行比较时，可以说利益要更高一点。因为只需要极少数用户参与就能发现产品中的问题从而改善品质，让大多数的用户的生产率和满意度得到了提高。为实施 DIY 用户测试而特定去向公司伦理委员会咨询完全没有必要。

然而，如果缺乏伦理观，可能会导致麻烦，甚至引发法律层面的问题。因此，有必要让参与测试的全员理解最低限度的伦理规定。

事前的说明和同意

即"知情同意书"。事前必须向参与者做正确的说明，得到了对方的同意后，才能实施用户测试。有些人可能会误认为用户测试就是"躲在一边偷偷地观察和录像"，其实用户测试绝不是偷窥偷拍。只有事先向参与者说明会有参观人员在另外一间房间里进行观察、记录，以及这样做的方法、目的，得到他们的同意后，才会开始观察和录像。

精神上、身体上的安全

现实中，用户测试基本不太可能给参与者带来身体上的伤害，但是精神层面的负担往往会超乎想象。因为对于参与者而言，用户测试也可以说成是能力测试。而且，用户测试中，会让别人看到自己是如何克服重重难关使用产品的样子，可能对于参与者而言，这多多少少有些难为情。这时，万一再看到参观人员皱眉头、咂嘴、嘲笑等样子，肯定会给参与者带来精神层面的伤害。另外，参观人员之间的眼神交流、交头接耳等，也有可能被参与者认为是说自己的坏话，因此这方面需要特别注意。

规避具有利害关系的人

"如果参与此次家电产品的用户测试，日后，我们会寄给您一些我们的小礼物"等类似的营销行为切不可取。另外，如果本公司的员工参与用户测试，其表现会在今后的考评里有所体现等手法也万万不可。用户测试的结果，只应该用于改善产品。然而，一旦让营销或者人事参与到项目里来，他们必定会要求在用户测试中收集一些他们所需的信息。规避此类问题的最根本的解决方法就是，从一开始就不让他们参与进来。

一旦被正式地问到"伦理责任"相关的问题时，大家可能多少有些心虚。如果无论如何都有些担心的话，推荐你去公司的法务部门或者律师事务所做一下咨询，但是，无论你准备了多少书面资料，一旦进入测试，如果真的让参与者感到不愉快，那也于事无补。

DIY 用户测试的参与者都如同你自己的朋友。也就是说，万一真的发生不愉快，最受伤害的，其实是你自己的"社会信用"。只要牢牢记住这点，该如何做判断也就不是难事了。

专栏：不要轻易测试

　　向开发团队提起实施用户测试时，一开始可能并不会得到对方的认同。因为他们疲于应付开发日程，无论是精神上还是肉体上，都无力开展新的活动了。

　　此时，有些人可能天真地认为"首先实施测试，再在开发中对测试结果进行反馈的做法，必定能够得到设计人员、开发人员的认同吧"。事实上，其效果往往相反。

　　每款产品都是在一种微妙的平衡（即妥协）中产出的。如果在未能理解为何会导致现行设计的"办公室政治"的情况下，就在团队会议中提出测试结果的话，往往会被大家认为是捣乱者。

　　因此，设计人员、开发人员为了推翻测试结果，会攻击测试设计的不足，访谈技术的拙劣，等等。用户测试的新手恐怕往往抵不住这类攻击吧。哪怕实施的用户测试真的无懈可击，成功地让开发团队接受了测试结果，之后他们也并不会真心实意地来协助改善产品的。

　　万万不可武断地实施测试。如果开发人员和检验者处于完全对立的位置，反复设计也不能带来很好的效果。在实施测试之前，必须要在开发人员和检验者之间建立一种充分的信赖关系。

第 **6** 章

超越 UCD，走向敏捷 UX 开发

6.1 推荐非瀑布型 UCD

从原则上讲，从事敏捷开发的人都属于"反瀑布型开发模式"一派的，因为敏捷开发方法本身就是从对瀑布型开发模式的批判和反省中总结出来的。

而从事 UX 的人大多也认为自己是"反瀑布型开发模式"的。因为他们从事的工作并不像瀑布型开发模式一样死板且只能一条路走到底，而是通过反复地创建模型和不停地测试，慢慢提高产品的完成程度，这也叫作 UCD（以用户为中心的设计）。

这样看来，敏捷开发好像和 UCD 非常匹配。但是，这两者真的可以在实际开发中相辅相成吗？

6.1.1 流程的差异

野中郁次郎和竹内弘高在他们合作完成的论文 *The New New Product Development Game* 中提出新开发流程中存在三种类型，这三种非常有名的类型也被称为 Scrum 的起点，具体如下所示。

- 类型 A：各个步骤按顺序进行
- 类型 B：各个步骤以首尾部分迭代的方式进行
- 类型 C：多个步骤以重叠的方式同时进行

如上所述，我们可以知道类型 A 就是瀑布型开发模式。一个步骤（上流工程）完成后，下一个步骤（下流工程）才会开始。论文中以依次传递接力棒的接力赛为例做了说明。

另一方面，敏捷开发是以类型 C 作为目标的。也就是说，并不是一次性全部做完，而是慢慢地完成所有的事情。在论文中以（全体队员为一个整体的）橄榄球赛为例进行了说明（Scrum 一词的由来）。

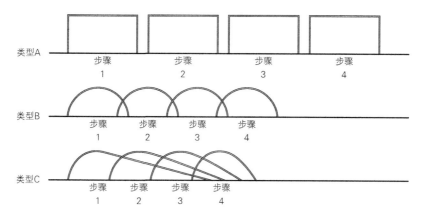

┃新产品开发流程的三种类型

那么，UCD 符合哪种类型呢?

以前的 UCD 都是在完成用户调查之后才开始创作虚拟角色和剧本的，然后根据虚拟角色和剧本制作原型，再对原型进行评测和改善。这显然是类型 A 的套路。即使是为了提高开发速度，最多也只能达到类型 B 的程度了，如果用以前的工作方法来考虑，类型 C 显然是违背常识的。

6.1.2　沟通方式的差异

提到软件开发，大多数人首先想到的就是厚厚的需求文档。另外，花费了大量成本和精力制作出来的文档，在实际开发中很可能用不到。因此，敏捷开发高调提倡"工作的软件高于详尽的文档"。

为了避免无用的文档堆积成山，敏捷开发中特别注重利害关系者间的沟通。比如，会用简洁易懂的"用户故事"代替需求文档阐述顾客的要求，还可以让顾客随时和开发团队在一起。无论哪种方法，都可以促进开发人员和顾客间的直接沟通。

反之，UCD 中仍然比较重视文档。笔者本人虽然也讨厌文档，但在工作中不得不接触大量文档。比如，线图和界面规范协议、用户调查和用户测试报告等。咨询公司一般都是以文档的形式把最终结果交给客户的。

6.1.3 "慢慢地"的差异

虽然敏捷开发和 UCD 里都有"慢慢地"制作产品的意思，但实现方法还是有差异的。以前的敏捷开发（极限编程等）是渐进式的开发模式，把产品分割成小块儿，再以这些小块儿作为单位开发。

渐进式

迭代式

渐进式和迭代式
出处：Jeff Patton, *Don't know what I want, but I know how to get it*

相反，UCD 是迭代式的开发模式。从一个大概的轮廓开始，慢慢提高设计的完成程度，而决不是把一个界面分割成小块儿分别设计。

6.1.4 敏捷开发 vs UCD

下图对敏捷开发和 UCD 的主要特征进行了对比。

乍一看，敏捷开发和 UCD 好像很匹配，实际上两者正好相反。如果在未能理解这一点的情况下盲目开始进行项目，可能会陷入混乱，甚至分裂开发团队。

敏捷开发	UCD
橄榄球模式	接力赛方式
重视对话	重视文档
渐进式*	迭代方式
短期计划	长期计划
自律性	管理性

*如今，敏捷开发已慢慢进化成了渐进和迭代两者兼备的开发模式

▌敏捷开发和 UCD 的比较

为了把项目引向成功，就必须适当地改造 UCD。

以前的 UCD 之所以适用于瀑布型开发，只是因为到目前为止使用瀑布型开发的项目比较多而已。我们虽然在 20 世纪 90 年代构建了与瀑布型开发模式相匹配的 UCD（其成型之一是国际规范 ISO 13407），但是，今后的主流仍然是敏捷开发模型，因此需要一款适用于敏捷开发的 UCD 也是情理之中的。

6.2　敏捷开发的潮流

最近几年，综合了敏捷开发和 UCD 的开发模式的敏捷 UX（Agile User eXperience）得到了迅猛发展。开发出优秀的产品后迅速投入市场，再根据用户的反馈设计和开发更优秀的产品，这可以称得上是最强的开发方法了。

6.2.1　敏捷 UX 简史

令人意外的是，敏捷 UX 的起源很早。无论是敏捷开发还是 UCD，都是在 20 世纪 90 年代后半段完成的自身理论建设。接着在 21 世纪初，就出现了结合敏捷开发和 UCD 两者进行的开发。

最初的尝试并不顺利。传统的 UCD 方法里，绝大多数都不能适用于敏捷开发中独有的迭代周期（1～4 个星期左右）。除此之外，敏捷开发人员和 UCD 的实际操作人员并不能相互理解，事例之一就是肯特·贝克（Kent Beck）和阿兰·库珀（Alan Cooper）的论战。

贝克对库珀

2002 年，XP（极端编程）的首创人员且是敏捷开发宣言起草人之一的肯特·贝克和被称为虚拟角色之父的 UX 界权威阿兰·库珀进行了一场对话。在对话中，贝克对库珀提倡的"在产品开发之前就应该考虑交互设计"提出了异议，他认为"交互设计应该在开发的迭代周期里逐步完善"。然而，这只是过去的争论，在此之后，两人都继续在敏捷开发的领域做出了贡献。

后来，敏捷开发领域逐渐涌现出很多优秀的人才，如杰夫·巴顿（Jeff Patton）等。在当时，他们并不是敏捷开发和 UCD 领域的权威，却在实践中不断摸索如何综合敏捷开发和 UCD，并积极公开自己的研究成果。

2005 年以后，敏捷 UX 得到了迅速地发展，从 2008 年开始，在 Agile Conference（被称为敏捷开发业内最大的盛会）上设置了敏捷 UX 专用的讲台。敏捷 UX 终于在敏捷开发的社区里为自己争取到了一席之地。

6.2.2 敏捷 UX 的基本原则

敏捷 UX 正是上述所有实践活动的总称。到目前为止，其流程和方法还没有严格的定义。但是，从经验中，我们依旧可以得出最基本的原理和原则。

由内至外

对于软件产品，一般都有"用户频繁使用的功能只占产品全部功能的 20% 左右"的说法。因此，敏捷开发中的一项铁规就是"不开发多余的功能"，从对用户最有价值的核心功能开始开发，慢慢地扩展到可选功能上。

平行推动

即使想让开发和 UX 设计同时完成，往往也不能如愿。比如，因界面设计导致了开发延误，或者因为赶时间而采用了不是很成熟的界面设计等。成功的关键是先做 UX 设计，这就是平行轨道法（Parallel Tracks）。

轻装上阵

传统的 UCD 方法大多由复杂的流程和大量文档构成。如果想原封不动使用以前的方法，你会发现敏捷开发的各个迭代周期根本无法承受这样的消耗。因此，需要在万分小心、不损害到各个方法的前提下，消减没用的部分，轻装上阵。

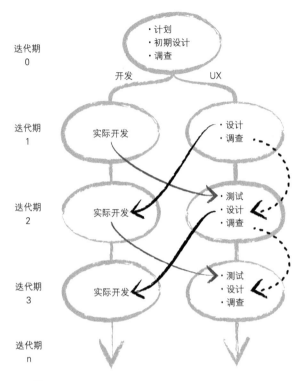

平行轨道法
UX 相关的活动需要比开发稍微提前一些进行

出处：Desiree Sy, *Adapting Usability Investigations for Agile User-centered Design*, Journal of Usability Studies, Vol 2, Issue 3, May 2007, pp.112-132

6.2.3 敏捷 UX 的理论基础

UCD 是 User Centered Design（以用户为中心的设计）的缩写。但其实还有另一个缩写为 UCD 的开发模式，即以使用为中心的设计（Usage Centered Design）。以使用为中心的设计是康斯坦丁（Larry Constantine）和洛克伍德（Lucy Lockwood）在《面向使用的软件设计》[①] 一书中提出

———————————————

① 机械工业出版社于 2011 年出版，刘正捷等译。——译者注

的概念。

　　不同于以用户为中心的设计里对用户调查和用户测试等调查的重视，以使用为中心的设计的一大特点就是重视用户使用案例和使用 UML 的建模。因为以使用为中心的设计是从用户使用案例到用户界面的设计流程理论，其表记语言也与 UML 类似，所以对开发人员和架构师而言，是一个很容易上手的方法。

　　但是，以使用为中心的设计并不是以敏捷开发作为前提的。而且，以使用为中心的设计虽然是基于用户使用案例设计的，但是在敏捷开发中比较多的情况是使用用户故事。完美解决了上述问题的是科恩（Mike Cohn），他在自己的著作 User Storied Applied 里用简单易懂的语言解释了如何在敏捷开发的流程中运用以使用为中心的设计。

　　另外，在以使用为中心的设计中也有过不重视用户调查的问题。不依据数据，只靠开发团队内部的讨论确定的用户角色和用户故事，结果往往是抓不住重点，陷入大量的普通需求脱不了身，而最坏的情况则是开发出完全错误的产品。因此，很多人把上下文调查（Contextual Inquiry）、虚拟角色（Personas）、用户测试（User Testing）等以用户为中心的设计方法运用到以使用为中心的设计中，逐步完善设计。

　　如上所述，敏捷开发、以使用为中心的设计和以用户为中心的设计这三种模式慢慢地融合，最终形成今天的敏捷 UX 开发模式。

6.3 使用敏捷 UX 开发

敏捷 UX 中并未定义严格的流程和方法。本来敏捷开发的基本概念就是"个体与互动高于流程和工具"，因此总结特定的方法和流程是自相矛盾的。

但是，在众多敏捷开发和 UCD 的方法中挑选一套最合适的组合用于产品开发是一件非常难的事情。作为参考，为大家介绍一个使用敏捷 UX 开发产品的例子（参见附录"敏捷 UX 的故事"。这篇文章图文并茂、通俗易懂地介绍了如何使用敏捷 UX 来开发产品，请结合本章一起阅读。）。

6.3.1 产品概念

首先，请思考一下产品的概念是什么（为了谁，做什么）。如果你毫无头绪，可以先做个简单的调查，即游击调查（Guerrilla Research）。比如利用人脉见各种各样的人，或者在街头观察不同人的行为举止，或者做简单的问卷调查等。在这里有个小秘诀，那就是绝对不可以问"您想要什么"，应该问"有什么地方让您感到困扰"。

一旦有了范围，就可以开始研究解决方案了。如果只是普通的解决方案，根本没有必要为此开始一个新项目。此时进行头脑风暴有助于寻找新的创意。近来，在进行头脑风暴时会加入各种各样的功能性技巧，这种方法也被称为游戏风暴（Gamestorming）。

在真正立项之前还需要对创意进行检验。常用的方法是，制作故事板和模型进行"投票"，或者在网站上投入假的产品广告确认用户的反应。在创意达到用户认可的程度之前，需要反复进行调查、构思和检验。

6.3.2　计划

一旦确定了产品的概念，就要组织团队了。敏捷开发中的开发团队是自己组织的，且各自拥有独特高超的技术。如果是自己组织的团队，为了完成任务而需采取的最优秀的决策并非来自团队外部的指示，而是由团队成员自己决定的。由于团队成员各自具备独特的技术，因此可以不依靠外界就能完成任务。

组织好开发团队后，就可以开始确立开发计划。首先，为了能够从用户的角度出发进行讨论，就需要创建一个虚拟角色。但是，敏捷 UX 项目中并没有创建正规的虚拟角色所需的调查数据，因此，在使用已知信息定义用户角色后，再加入拟人化处理，建立临时的虚拟角色，即务实的角色（Pragmatic Personas）。

接下来，通过用户故事（User Story）定义需求。用以虚拟角色为主语的"××是谁，他想干什么（以及理由）"这样的短文章，把需求以小故事的形式记录在卡片上。敏捷开发就是以这种用户故事的形式开发的。

然后，需要对这些用户故事所需的作业规模做一次预估。敏捷开发的一个特点是并不是以作业时间（人月），而是以表示相对规模的故事点（Story Point）作为指标的。之后用计划扑克（Planning Poker）这种游戏进行预估。但是，有一点需要注意，进行预估的必须是开发团队的全体成员，绝对不可以让其他人进行不负责任的预估。

除此之外，还需要决定这些用户故事以什么顺序实现。实现顺序不能单纯以工作流程和投入产出比为依据来决定，还必须综合考虑各功能之间的相互作用、市场的变化等与产品息息相关的众多因素。确定实现顺序是产品经理／产品负责人最重要的工作。

排序后的用户故事以列表的形式管理，但如果简单地用一维列表管理，会丧失故事之间的关联性，看不到产品的整体面貌。因此，需要用名为用户故事映射（User Story Mapping）的二维列表管理。

6.3.3 开发

接下来就要开始以首次发布产品为目标的开发过程。敏捷开发中规定了 1～4 个星期左右的迭代期，随后就会按照实现顺序，在迭代期内尽可能实现有限的用户故事。在这期间，开发团队的作业进展情况会在任务面板（Task Board）上更新。

迭代法中，用户界面的设计可以与开发同步进行，适用的方法之一是草图板（Sketchboards）。这是一种非常出色的方法，在一张巨大的纸上设计界面，必要时，还可以把这纸从墙壁上撕下来，卷成一卷，拿到访谈现场。通过测试的素描板即是一个简单的界面规范说明书。

对那些需要进行重要且复杂操作的界面制作原型，有一条不可动摇的规则就是"尽量在设计的初期阶段消灭 bug"。通过制作纸质原型，就可以做到在以前无论如何也不可能做到的在最初期的阶段实施测试。这对开发团队而言，可以大幅降低项目的风险。

制作好原型之后，应立即通过用户测试进行检验。检验一大特点就是"请用户一边操作原型，一边说出自己的心中所想"，即发声思考法。如果有 5 位用户参与测试，大概可以发现 85% 的问题。请注意，敏捷开发的一个迭代期并不能承受正规的用户测试所需的时间。因此，请使用第 4 章介绍过的 Do-It-Yourself 这类轻量级测试。

在每个迭代期的末尾，会对产品进行实际的运行演示，并从相关人员那里得到反馈。之后，产品经理/产品负责人会根据相关人员的反馈和开发的进展，追加、删除或修改用户故事，有时还需要修改实现顺序。接着，就进入了下一个迭代期的开发。

6.3.4 发布

随着迭代期的反复，产品逐渐完成，就可以发布了。最初发布的产品只需具备最基本的功能即可（即 MVP，Minimun Viable Product，最简可行产品）。在构成 MVP 的用户故事实现之时，产品经理 / 产品负责人会判断是否发布产品。

产品发布后，就可以从用户及顾客那得到反馈。根据这些反馈，会对设计和计划做方向性的修改，甚至会再次对产品概念进行战略推敲。一旦创建了新的项目计划之后，就马上进入开发阶段。

像这样，反复进行为期 3～6 个月的产品发布，有时还会大胆地调整产品方向，迅速应对市场变化，慢慢地让产品成长起来，并逐步扩大范围。

专栏：RITE 法

这是一种经常被敏捷 UX 的实践者挂在嘴边的用户测试方法。即 RITE（Rapid Iterative Testing and Evaluation，快速迭代式测试和评估法）。

● 快速迭代

该方法为微软的游戏开发部门在 20 世纪 90 年代后期创建的。当时，他们在"帝国的崛起 2"的教程开发里使用了该方法。

其最大的特征即测试与设计变更的"快速迭代"。在 RITE 中，哪怕只根据一个人的测试结果，也可以果断地进行 UI 的变更。在相关论文里也有在 16 个人的评价期间内就发生了 6 次 UI 变更的示例的记载。

下表中，纵坐标代表问题数，横坐标代表参与测试的人数。可以看出，观察第一个测试者就可以发现 7 个出错和 2 个失败（出错：操作中用户稍微停顿，不知如何是好的情况。失败：用户完全不知该怎么办的情况）。在此之后，问题数慢慢下降，直到第 12 个测试者时，完全不会有新的问题被发现。

纵向的实线用于表示变更 UI 的时机。也就是说，在观察了第 1、2、5、8、9、10 个测试者后应该进行 UI 的调整。

比较引人注意的是，有时在进行了 UI 调整后，问题数不减反增。这并不意味着 UI 的变更存在"失误"。而是因为随着浅层次的 UI 问题的修正，导致之前未能观察到的更深一层次的问题被发现了而已。

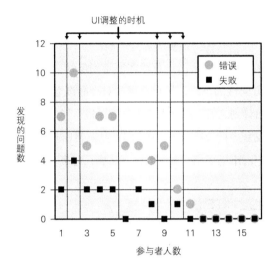

● **与一直以来的方法的差异**

顾名思义，杰柯柏·尼尔森所提倡的"打折的可用性"正是"轻量级"测试方法的先驱。"有 5 个人参与的用户测试就足够了"的观点，在当时可谓划时代的学说。然而，在现代的软件开发中，哪怕这样的方法，也被认为会带来较大的负担。

通过 5 人用户测试法来改善 UI 的流程如下所示。

1. 由 5 位用户进行测试（发现问题）。

2. 分析这 5 个人的数据。

3. 研究改善方案。

4. 改善 UI。

5. 再次进行 5 个人的测试（检验改善的效果及发现新的问题）。

非常意外的是，"5 人"竟是该测试的瓶颈。因为不少测试中发现少于 5 人的情况下也能够达到近乎相同的测试结果。事实上，只要观察了 3 个人的测试，负责此次测试的可用性工程师就能大概推断出大体的情况了。而且，如果完全遵循尼尔森的方法，为了保证问题发现的精度，在收集齐 5 个人的数据之前，就不能继续下一步的作业（然而，以前的开发现场，也存在只依靠 3 个人左右的数据就进行判断的情况）。

而另一方面，如果采用 RITE 法，哪怕只观察了一位测试者，但只要问题点已经明确化，就可以马上进入研究改善的流程。接下来的第二位测试者，就可以使用改善后的界面来测试了。通过这样的反复过程，十来位测试者测试后，相信产品可用性的问题已经被消灭干净了。

● RITE 法的前提条件

看了上述内容，可能有人希望马上来实践一下。其实，就像硬币有正反两面一样，优点的背后也必定藏有缺点。

首先，当然就是只通过观察 1 个人来做判断这点。这是一件非常困难且风险极高的事情。通常，只在 1 个人身上出现的问题，很难去区分到底是 UI 的问题，还是该用户自身的问题（偶然发生，或者使用习惯不好等）。如果基于不确定的数据进行 UI 变更，经常就会出现忽左忽右的现象。

为了避免这种情况，就需要开发团队具备非常丰富的经验——观察同类型的 UI 被同类型的用户测试的经验。如果具备这种长久累计的经验，哪怕观察到的事例较少，应该也能够做出大致正确的判断吧。

另一个课题就是开发能力问题。该方法下，在第二位测试者到达测试现场前，必须得准备好改善后的 UI。通常，两场测试之间的间隔长也不过几个小时而已。开发能力就体现在能否在这么短的时间内，完成改善方案的讨论及实现上了。如果只是纸质的原型，当然不会有问题，如果是仿真度高的动态原型，较差的设计变更很可能会导致严重的系统问题。

如上所述，RITE 法是一种要求非常高的方法。我想，可以立即引入 RITE 法的开发团队少之又少。而且，哪怕是具备这种能力的团队，也不应该在所有项目中都是用 RITE 法。因为无论是什么团队，终究有一天会碰到开发一个首次接触的产品的情况。

● RITE 法的理念

一直以来，可用性领域的专家们一直围绕着"多少人参与的用户测试中可以发现多少比例的问题"这类精确度问题争论不休。但是，无论问题点发现的精确度多么地高，若是不能被解决，就没有任何意义。

而 RITE 法正是对该问题进行了逆向思维：与发现问题的精确度相比，问题的解决更为优先。通过反复进行小规模的测试，每次发现问题时，马上着手修正。正因如此，编写真正的功能代码前，先编写测试代码的敏捷开发的实践——TDD（Test Driven Development，测试驱动开发）开始盛行起来。

我们的目的并不是"实施测试"，而是"开发产品"。用户测试也不过是其手法之一。无论白猫黑猫，能抓老鼠（提高产品品质）的就是好猫。

► | **附录**

敏捷 UX 的故事

——来自敏捷 UCD 研究会

伟大的产品经理的灵魂与技术

产品经理（PO）具有以下特征。

- 产品愿景明确
- 对项目的成功与否负全权责任
- 适时而动，做出决策
- 阶段性成果验收，决定是否需要开发团队返工
- 决定产品的发布时间与功能

▌好想早点成为伟大的产品经理

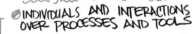

▌**敏捷开发宣言**
我们一直在实践中探寻更好的软件开发方法，身体力行的同时也帮助他人。由此我们建立了如下价值观。

- 个体和互动高于流程和工具
- 客户合作高于合同谈判
- 工作的软件高于详尽的文档
- 响应变化高于遵循计划

也就是说，尽管右项有其价值，但我们更重视左项的价值

产品经理首先需要思考的就是产品的概念——"为谁、做什么"。如果毫无头绪，可以先进行简单调查。比如利用人脉和各种人会面，在街头观察形形色色的人的行为，实施简单的问卷调查等。

此时有一个要领。那就是绝对不可以问"您需要什么"。而是应该深入探求"您有什么感到困扰的地方吗"。

方法 1：游击调查法
哪怕不是正规军（调查领域的专家）也可以实施调查！——比如，通过人脉来寻找到用户后，使用 Skype 进行用户访谈，最后把结果口头传达给团队的其他成员。没有比开发毫无用处的产品更徒劳的事情了。以"没有预算，没有时间"为借口不实施调查最为危险

一旦限定了任务，就要开始研究解决方案了。如果只是寻常的解决方案，根本没有必要为此开始一个新的项目。但如果要构思一个独一无二的创意，那就需要进行头脑风暴了。

然而，进行头脑风暴时必须要遵守一些基本原则。那就是——严禁批判、自由奔放、量高于质、欢迎搭便车、可视化、禁止跑题以及逐一发言。

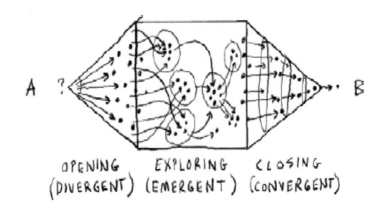

方法 2：游戏风暴

现代高科技商务中盛行的硅谷式规划思维。以头脑风暴法为基础，并在发散→突发→收敛各流程里加入各种相应建导技巧的一个思维合集。也被称为头脑风暴 2.0

　　在立项之前对创意进行验证。比如，通过故事板和模型来"投票"，或者在互联网上打出假广告来确认市场反应，等等。

　　反复进行调查、构思、验证这一步骤，直到得到用户的高度认同。

方法 3：概念测试

"验证"起来并不难。先通过简单的笔绘或制作，把自己的创意加工成型，然后展示给大家，让大家去使用。如果你默默地站在一旁观察，这个创意的价值自然就能明白了。大家的那些（漫不经心）的意见，往往格外正确

一旦确定了产品概念，就要正式组建团队。

敏捷开发团队一般都是自组织化的多功能型团队。

所谓自组织化团队，是指为达成某一目标，不依赖外部指示，完全靠内部选择成立的团队。而所谓多功能型团队，是指具备不依靠外部，完全依靠自身能力来完成作业的团队。

Scrum 团队

Scrum 团队由产品负责人、开发团队和团队主管组成。

- 产品负责人对产品价值及开发团队作业成果的最大化负有责任。且是唯一管理产品待办事项的人。

- 开发团队由一群可以判断各个冲刺中可以完成多少产品增量的专家构成。只有开发团队的成员，才具备完成增量的能力。

- 团队主管负责对 Scrum 的理解及使之成为现实。因此，他要确保开发团队能理解开发理论，促使大家加以练习，并遵守其规则。

Scrum 团队通过反复、渐进的方式来完成产品。这样一来，便可以最大限度地增加对产品的反馈。因为产品是通过渐进的方式逐步完善的，也就意味着产品总是处于一种可以使用的状态。

（引自 Scrum Guide 2011）

一旦开发团队组建完成，就应该着手制订项目的开发计划了。

首先，为了可以从用户视角进行讨论，需要建立一个虚拟用户角色。但是，通常的敏捷 UX 项目中并不具备制作正式的虚拟用户角色所需的充分的数据。

因此，我们要先基于已知的信息来定义用户角色，之后再对该用户角色进行拟人化，从而生成临时的虚拟用户角色。

用户角色名及外号

手绘示意图	背景
	· XXXXXXXXXXXXXXXXXXXXX XXXXX · XXXXXXXXXXXXXXXXXXXX XXXXXXXXXXXXXXXX · XXXXXXXXXXX · XXXXXXXXXXXXXXXXX
虚构的个人信息	需求
· XXXXXXXXXXXXXXX · XXXXXXXXXX · XXXXXXXXXXXXXXXX · XXXXXXXXXX · XXXXXXXXXXXXXXXXX	· XXXXXXXXXXXXXXXXX · XXXXXXXXXXXXXXXXX · XXXXXXXXXXXXXXXXXXXX XXXX · XXXXXXXXXXXXXXXXX · XXXXXXXXXXXXXXXXXXX

方法 4：实用的虚拟用户角色
敏捷开发中的临时虚拟用户角色。一般应尽力避免使用临时虚拟用户角色，但如果只是为了书写用户故事则完全没有问题。这种虚拟角色的独到之处在于让人一眼就能看出"这不是正式的用户角色"。比较流行的一个用户名就是戴维哈夫曼

下面，我们通过用户故事来定义用户需求。以虚拟用户角色为主语，用类似"谁，想做什么（及其理由）"的短文，把需求分割成许多小的特性记录到卡片里。敏捷开发中便是以这些小的用户故事为单位来进行功能开发的。

方法 5：用户故事

敏捷式需求说明书。只需在明信片大小的卡片上写上"谁，想做什么（及其理由）"。可能有人担心这种敷衍了事式的需求说明书会有问题。其实如果有什么不明白的地方，当场问，当场回答就行了。用户故事只不过是引发对话的一个契机

　　然后，我们预估各种各样的用户故事的作业规模。

　　此时的一个特点就是不使用具体的工作计量单位（人月），而是使用被称为故事点（Story Point）的指标来表示工作量的多寡。预估工作主要是用计划扑克的游戏形式来进行。

　　另外，预估工作虽然是由开发者全体人员进行的，但没有直接参与项目的人员切忌不要多插嘴。

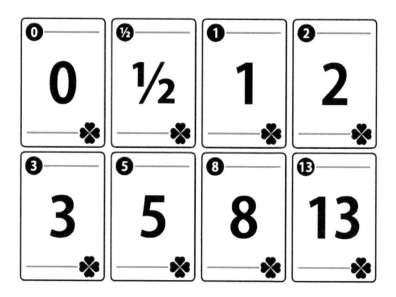

方法 6：计划扑克
用来预估的扑克游戏。每个玩家把写有故事点的牌一起打出。如果打出的牌存在差异，则需要说明为什么会选择这张牌。通过反复进行这一操作，就可以消除认识上的差异，达成共识。另外，写在牌上的故事点的数字应该是斐波那契数列

接着，我们决定到底按什么顺序来实现这些用户故事。

订单交付顺序并不能单单由工作流程及投入产出比来决定，而应该综合考虑各功能的依赖度、市场变化等与产品相关的各种因素来做出决策。决定订单交付顺序是一个产品经理最为重要的职责。

决定了先后顺序的用户故事并不能只靠一维的列表来管理，这样的管理形式体现不出各用户故事之间的关联性，不好把握对产品的整体印象。为避免这种情况，需要使用被称为用户故事地图的二维表进行管理。

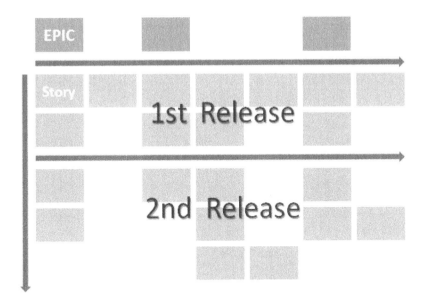

方法 7：故事地图
二维的产品订单。通过把用户故事放入"横坐标为工作流程，纵坐标为优先级"的二维坐标轴里，可以更为方便地把握整个系统。甚至，可以通过拉长横坐标来制订产品的中长期计划。该方法由敏捷 UX 先驱 Jott Patton 首创

终于要开始介绍实现用户故事的开发流程了。

通常，敏捷开发的迭代周期为 1～4 个星期。开发者根据订单交付顺序，在这些单独的开发周期内尽量多地实现一些用户故事。

开发团队的工作进展需要随时更新在任务板上，让所有人可见。

PBI	Todo	In Progress	Done
▢	▢	▢	▢ ▢
▢	▢ ▢ ▢		
▢	▢ ▢	▢	▢
▢	▢ ▢	▢	

方法 8：Scrum 板

开发现场的"记事板"。把任务的状态分为未开始、进行中、完成三个阶段。这样一来，可以做到对整个开发状况一目了然，一旦出现问题立刻就会发现。所有的任务完成后，再从故事地图里引入新的故事。一次冲刺后，若仍残留任务，则把残留任务顺延至下一个冲刺期。千万不要把 Scrum 板当作是各冲刺阶段的配额表

　　UI 设计也应该在迭代的开发中同步进行。此时可以采用草图板法。

　　简单地讲，这个方法就是在一张巨大的图纸上进行设计，然后卷成卷轴状，这样携带方便，利于相关人员随时审查。最终审查完成后，再把设计从草图板转换成简单的界面规范资料。

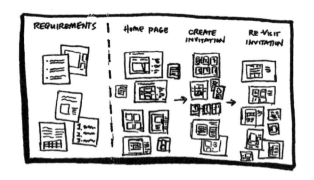

方法 9：草图板

超级快速的一种设计方法。是在一张巨大的图纸上实施完交互设计后，从墙壁上拿下卷成卷轴状，再拿到各个相关人员处进行审查的一种优秀方法。由美国著名交互设计工坊 Adaptive Path 公司首创

下面，我们要为那些操作起来非常复杂但却非常重要的界面制作原型。

软件开发的铁规为"尽量在设计的初期阶段消灭 bug"。如果采用纸质原型这种非常简便的方法，就可以在开发的最初阶段实施用户测试，而这在以前根本不可能做到。这样，即可大幅降低开发团队的风险。

方法 10：纸质原型

使用纸张做成的低保真原型。它是一种只使用纸笔、技术含量较低的软件开发手法，主要部分由手绘做成。由于是纸质的原型，因此实施用户测试时，需要大家带有一点"演戏"的精神，通过用手指代替鼠标去点击，用铅笔书写代替输入等方法来模拟软件的动作

一旦原型制作完成，就应该马上实施用户测试。

用户测试的最大特点就是要求用户一边说出心里考虑的内容，一边操作。这就是所谓的发声思考法。一般，有 5 个人参加的用户测试就可以发现大约 85% 的问题点。

然而，因为正规的用户测试无法在迭代开发的一个周期里完成，所以通常使用 Do-it-yourself 的轻量级测试方法。

方法 11：用户测试
用户测试实施起来很简单，只需告知用户他的任务，在一旁观察其完成任务的过程就好了。哪怕是在公司的走廊里随便抓一个其他部门的同事，请他帮忙测试的那种所谓的"走廊测试法"，效果也非常不错

　　每个迭代期结束后，都应该向相关人员进行产品的实际演示，并听取他们的反馈。项目经理根据这些反馈，结合项目进度，对用户故事来做追加、删除、修改及调整订单交货顺序等工作。然后就进入下一个迭代周期。通常会经过多个反复的迭代周期后发布产品。而通过反复进行为期 3～6 个月左右的产品发布，产品得以不断完善，业务也逐步成长壮大。

Demo or Die!
"演示抑或死亡"——来自美国 MIT 多媒体实验室的理念之一。如果仅仅局限于理论构建，而不制作可以实际运行的试制品并进行演示，该研究就不会得到很高的评价。该研究所于 1985 年由尼古拉斯·内格罗蓬特（Nicholas Negroponte）创办。2011 年，伊藤穰一当选第四任所长

后记

阅读至此，也许你感到自己已经领会到了产品可用性工程的魅力了。但是，那些对本书的内容产生了共鸣，并决定下一个项目马上就从背景调查开始入手的读者，请稍等片刻，继续读完后记。如果你所在的设计团队，目前为止还未接触过产品可用性相关的工作，也许很难突然导入所有的以用户为中心的开发流程。UCD 和质量管理一样，属于系统性工作，因此肯定会存在层次差异。在判断"层次"的方法里，有一种叫作"成熟度模型"的方法。在成熟度模型里，若要实施高等级的工作，必须要确保其前一个层次的工作已经实施。也就是说，如果某机构想新开展 UCD 相关的工作，需要从初级的工作开始，慢慢地上升到高等级的工作。

用户可用性成熟度模型

在软件开发流程的质量管理领域，美国的卡内基 – 梅隆大学开发的 CMM（Capability Maturity Model，软件能力成熟度模型）已成为事实上的标准。而在产品可用性领域，虽然德国的莱茵 TüV 集团开发了一套基于 ISO 13407 的认证服务系统，但还不能称得上已经确立了标准。

接下来，我介绍一下基于我个人咨询经验建立的"产品可用性成熟度模型"，供大家参考。这里定义了产品可用性活动的层次、每个层次所对应的主要工作，以及产品可用性工程师应该扮演的角色（这不是基于数据而建立的严谨的模型。真正的成熟度模型的开发要依赖于今后各位研究者的努力了）。

1. 原始期

用户界面的设计完全依赖于界面设计师和软件工程师的个人能力。虽然也会参照一些开发指南，但完全不会与实际用户进行沟通。产品可用性工程师也不会参与到项目中。

2. 黎明期

将用户测试作为产品公开前的最终检测加以实施。产品可用性的相关工作不过是质检工作的一部分。项目里虽然有产品可用性工程师的参与，不过他们是以产品完成后的评价者的身份参与进来的。

3. 摇篮期（前期 / 后期）

用户测试作为一种有效的设计手段固定存在于项目中。前期阶段会使用原型进行用户测试。后期阶段则会反复进行原型设计和用户测试（反复设计）。产品可用性工程师会根据设计团队的要求，以建议者的身份随时参与到项目中来。

4. 活跃期

通过开发剧本和虚拟角色来探索用户需求。从需求定义到实际开发的整个开发流程都会使用以用户为中心的设计方法。产品可用性工程师作为设计团队的主要成员之一定期参与项目开发。

5. 扩充期

会追踪调查产品发布后的使用情况。产品的整个生命周期管理里都会使用以用户为中心的设计方法。产品可用性工程师不是以项目为单位，而是以产品管理团队的一员的身份参与项目。

6. 成熟期

建立产品可用性知识数据库。向机构的所有成员传播以用户为中心的文化，将产品可用性（及用户体验）的管理作为重要的经营课题。产品可用性工程师以经营管理团队的一员的身份参与项目。

请至少做到摇篮期的水准

不难看出，日本的大多数机构目前还处于原始期。从整体来看，处于黎明期的项目为数不多。可能听上去会有些意外，我们这些专业的产品可用性工程师参与的项目中，多数也只是处于黎明期而已。在网站和产品完成后，只委托我们进行测试的情况比较多。

但非常遗憾的是，黎明期层次的工作并不能为项目的开发带来什么成果。因为对于这些已经完工的产品，哪怕实施了测试，最终的结果也只是"为时已晚"而已。当然，如果把测试业务委托给咨询公司，最终肯定也能从这些公司那里得到相应的报告。但是开发团队的最终目的可不是为了读这些报告吧。

虽说如此，我们不能因为黎明期层次的工作没有起作用就完全放弃产品可用性，也不能满足于对完成品的测试结果，否则提高产品可用性的工作就无法持续发展。如果一直停留在黎明期，无法获得和投入相匹配的成果，产品可用性的发展将变得举步维艰。

如果已经开始了产品可用性相关的工作，至少应该做到摇篮期的程度。如果达到摇篮期的水准，就可以在原始期发现问题并加以修正。让成年人来制作连环画，并在简陋的实验室里反复测试。乍一看，这像是在进行一项水准很低的活动，但是通过这种踏实的工作确实可以得出具体的成果，从而让整个团队乃至整个公司都能认同产品可用性的真正的价值。

寻找同类

如上所述，把产品可用性活动引入到团队中来，并一步步提升到成熟度的层次可绝不是一件轻松的事情。在原始期时完全是孤军奋战，好不容易步入黎明期后，又会因为周围的人的不理解及自身能力的不足而烦恼。进入摇篮期和活跃期后，随着业务量的激增，又会面临工作繁忙和预算不足的烦恼。

此时，若是能够和正在从事相同事情的同仁们进行信息共享，则既能得到参考信息，又能增加自己的勇气。虽然在公司内多取得一些同事的理解很重要，但我认为在公司外寻找同道者同样重要。下面，我向大家介绍一下我参加的产品可用性相关的两个组织。非常期待今后能够通过这些组织举办的活动与大家面对面交流。

● 以人为中心的设计推进机构

日本产品可用性领域最大的法人机构（NPO 法人）。虽然 2005 年 3 月刚刚成立，但是已经汇集了负责人黑须正明、U' eyes Design Inc. 的鳞原晴彦、日本 IBM 公司的山崎和彦等杰出人士。该机构旨在推动产品可用性相关的普及启蒙、调查研究、人才培养、国际交流等活动。

● 产品可用性社区

社交网络 mixi 里的一个社区。社区的负责人是微软的柴田哲史（现在为 UD-Consulting,Inc 的法人），在他的号召下，很多活跃在第一线的产品可用性工程师也参与了进来。这个社区的参加者相对年轻，主要以线下交流会、学习会这些较为轻松的活动来加强交流。